建筑业农民工业余学校培训教材

架　子　工

建设部人事教育司组织编写

中国建筑工业出版社

图书在版编目(CIP)数据

架子工/建设部人事教育司组织编写. —北京：中国建筑工业出版社，2007

(建筑业农民工业余学校培训教材)

ISBN 978-7-112-09648-0

Ⅰ. 架… Ⅱ. 建… Ⅲ. 架子工-工程施工-技术培训-教材 Ⅳ. TU731.2

中国版本图书馆CIP数据核字(2007)第160410号

建筑业农民工业余学校培训教材

架 子 工

建设部人事教育司组织编写

*

中国建筑工业出版社出版、发行(北京西郊百万庄)

各地新华书店、建筑书店经销

北京天成排版公司制版

北京建筑工业印刷厂印刷

*

开本：787×1092毫米 1/32 印张：5⅜ 字数：119千字

2007年11月第一版 2015年9月第四次印刷

定价：**13.00**元

ISBN 978-7-112-09648-0

(26494)

本书是依据国家有关现行标准规范并紧密结合建筑业农民工相关工种培训的实际需要编写的。全书重点介绍了我国目前应用广泛及正在大力推广的脚手架形式，主要内容包括：建筑脚手架基础知识、落地扣件式钢管外脚手架、落地碗扣式钢管脚手架、落地门式钢管外脚手架、不落地脚手架、脚手架的检查、验收与拆除、其他脚手架、模板支撑架、架子工的安全防护等。

本书可作为建筑业农民工业余学校的培训教材，也可作为建筑业工人的自学读本。

* * *

责任编辑：朱首明　牛　松
责任设计：赵明霞
责任校对：孟　楠　兰曼利

建筑业农民工业余学校培训教材
审定委员会

建筑业农民工业余学校培训教材
编写委员会

序　言

农民工是我国产业工人的重要组成部分，对我国现代化建设作出了重大贡献。党中央、国务院十分重视农民工工作，要求切实维护进城务工农民的合法权益。为构建一个服务农民工朋友的平台，建设部、中央文明办、教育部、全国总工会、共青团中央印发了《关于在建筑工地创建农民工业余学校的通知》，要求在建筑工地创办农民工业余学校。为配合这项工作的开展，建设部委托中国建筑工程总公司、中国建筑工业出版社编制出版了这套《建筑业农民工业余学校培训教材》。教材共有12册，每册均配有一张光盘，包括《建筑业农民工务工常识》、《砌筑工》、《钢筋工》、《抹灰工》、《架子工》、《木工》、《防水工》、《油漆工》、《焊工》、《混凝土工》、《建筑电工》、《中小型建筑机械操作工》。

这套教材是专为建筑业农民工朋友"量身定制"的。培训内容以建设部颁发的《职业技能标准》、《职业技能岗位鉴定规范》为基本依据，以满足中级工培训要求为主，兼顾少量初级工、高级工培训要求。教材充分吸收现代新材料、新技术、新工艺的应用知识，内容直观、新颖、实用，重点涵盖了岗位知识、质量安全、文明生产、权益保护等方面的基本知识和技能。

希望广大建筑业农民工朋友，积极参加农民工业余学校的培训活动，增强安全生产意识，掌握安全生产技术；认真学习，刻苦训练，努力提高技能水平；学习法律法规，知法、懂法、守法，依法维护自身权益。农民工中的党员、团员同志，要在学习的同时，积极参加基层党、团组织活动，发挥党员和团员的模范带头作用。

愿这套教材成为农民工朋友工作和生活的“良师益友”。

建设部副部长：黄卫

2007 年 11 月 5 日

前　　言

本书是建设部人事教育司组织编写的“建筑业农民工业余学校培训教材”之一，是依据建设部颁布的《建筑施工扣件式钢管脚手架安全技术规范》(JGJ130—2001)、《建筑施工门式钢管脚手架安全技术规范》(JGJ128—2000)以及国家现行的相关安全技术规范、标准和规程的要求进行编写的。

本教材重点介绍我国目前应用广泛，以及正大力推广的脚手架形式，对建设部建议逐步淘汰的或工程实践中较少用到的一些脚手架只作概要介绍。其内容有建筑脚手架基础知识；落地扣件式钢管外脚手架；落地碗扣式钢管脚手架；落地门式钢管外脚手架；不落地脚手架；脚手架的检查、验收与拆除；其他脚手架；模板支撑架以及架子工的安全防护等。

本教材针对目前建筑工地架子工的技能需要而编写，体现了使用方便与实用的编写原则，具有很强的针对性，实用性，科学性，规范性和先进性。

本教材由张晓艳主编，王立增、赵芸平参编；伍件、黄晨光对书稿进行了审阅，并为本书稿提出了宝贵的修改意见，特此致谢。教材编写时还参考了已出版的多种相关培训教材，对这些教材的编者，一并表示谢意。

在《架子工》的编写过程中，虽经推敲核证，但限于编者的专业水平和实践经验，仍难免有疏漏或不妥之处，恳请各位同行提出宝贵意见，在此表示感谢。

目　录

一、建筑脚手架基础知识

（一）建筑脚手架的作用与分类

脚手架又称架子，是建筑施工活动中工人进行操作，运送和堆放材料的一种临时设施。搭设脚手架的成品和材料成为“架设材料”或“架设工具”。

1. 脚手架的作用

脚手架是建筑施工中一项不可缺少的空中作业工具，结构施工、装修施工以及设备安装都需要根据操作要求搭设脚手架。

脚手架的主要作用如下：

（1）可以使施工作业人员在不同部位进行操作；

（2）能堆放及运输一定数量的建筑材料；

（3）保证施工作业人员在高空操作时的安全。

2. 建筑脚手架的分类

（1）按用途划分

1）操作脚手架：为施工操作提供作业条件的脚手架，包括“结构脚手架”、“装修脚手架”。

2）防护用脚手架：只用作安全防护的脚手架，包括各种护栏架和棚架。

3）承重、支撑用脚手架：用于材料的运转、存放、支撑以及其他承载用途的脚手架，如受料平台、模板支撑架和安装支撑架等。

(2) 按构架方式划分

1) 杆件组合式脚手架：俗称“多立杆式脚手架”，简称“杆组式脚手架”。

2) 框架组合式脚手架：简称“框组式脚手架”，即由简单的平面框架（如门架）与连接、撑拉杆件组合而成的脚手架，如门式钢管脚手架、梯式钢管脚手架等。

3) 格构件组合式脚手架，即由桁架梁和格构柱组合而成的脚手架，如桥式脚手架，有提升（降）式和沿齿条爬升（降）式两种。

4) 台架：具有一定高度和操作平面的平台架，多为定型产品，其本身具有稳定的空间结构。可单独使用或立拼增高与水平连接扩大，并常带有移动装置。

(3) 按设置形式划分

1) 单排脚手架：只有一排立杆的脚手架，其横向水平杆的另一端搁置在墙体结构上。

2) 双排脚手架：具有两排立杆的脚手架。

3) 多排脚手架：具有三排及三排以上立杆的脚手架。

4) 满堂脚手架：按施工作业范围满设的、两个方向各有三排以上立杆的脚手架。

5) 满高脚手架：按墙体或施工作业最大高度，由地面起满高度设置的脚手架。

6) 交圈（周边）脚手架：沿建筑物或作业范围周边设置并相互交圈连接的脚手架。

7) 特形脚手架：具有特殊平面和空间造型的脚手架，如用于烟囱、水塔、冷却塔以及其他平面为圆形、环形、

"外方内圆"形、多边形和上扩、上缩等特殊形式的建筑施工脚手架。

（4）按脚手架的设置方式划分

1）落地式脚手架：搭设（支座）在地面、楼面、屋面或其他平台结构之上的脚手架。

2）悬挑脚手架（简称"挑脚手架"）：采用悬挑方式设置的脚手架。

3）附墙悬挂脚手架（简称"挂脚手架"）：在上部或（和）中部挂设于墙体挑挂件上的定型脚手架。

4）悬吊脚手架（简称"吊脚手架"）：悬吊于悬挑梁或工程结构之下的脚手架。当采用篮式作业架时，称为"吊篮"。

5）附着升降脚手架（简称"爬架"）：附着于工程结构、依靠自身提升设备实现升降的悬空脚手架。

6）水平移动脚手架：带行走装置的脚手架（段）或操作平台架。

（5）按脚手架平、立杆的连接方式分类

1）承插式脚手架：在平杆与立杆之间采用承插连接的脚手架。常见的承插连接方式有插片和楔槽、插片和碗扣、套管和插头以及U形托挂等。

2）扣件式脚手架：使用扣件箍紧连接的脚手架，即靠拧紧扣件螺栓所产生的摩擦力承担连接作用的脚手架。

此外，还按脚手架的材料划分为竹脚手架、木脚手架、钢管或金属脚手架；按搭设位置划分为外脚手架和里脚手架；按使用对象或场合划分为高层建筑脚手架、烟囱脚手架、水塔脚手架。还有定型与非定型、多功能与单功能之分等。

（二）搭设建筑脚手架的基本要求

无论哪一种脚手架，必须满足以下基本要求：

(1) 满足施工的需要。脚手架要有足够的作业面(比如适当的宽度、步架高度、离墙距离等)，以保证施工人员操作、材料堆放和运输的需要。

(2) 构架稳定、承载可靠、使用安全。脚手架要有足够的承载力、刚度和稳定性，施工期间在规定的天气条件和允许荷载的作用下，脚手架应稳定不倾斜、不摇晃、不倒塌，确保安全。

(3) 尽量使用自备和可租赁到的脚手架材料，减少使用自制加工件。

(4) 依工程结构情况解决脚手架设置中的穿墙、支撑和拉结要求。

(5) 脚手架的构造要简单，便于搭设和拆除，脚手架材料能多次周转使用。

(6) 以合理的设计减少材料和人工的耗用，节省脚手架费用。

（三）脚手架有关专业术语解释

(1) 立柱(立杆)　平行于建筑物并垂直地面的杆件，是承受自重和施工荷载的主要受力杆件。

(2) 纵向水平杆(大横杆)　平行于建筑物，在纵向连接各立柱的水平杆。是承受并传递施工荷载给立柱的主要受力杆件。

(3) 横向水平杆(小横杆)　垂直于建筑物，横向连接内、外排立柱的水平杆件，是承受并传递施工荷载给立柱的主要受力杆件。

(4) 单排脚手架(单排架)　只有一排立杆和大横杆，小横杆的一端伸入墙体内，一端搁置在大横杆上的脚手架。

(5) 双排脚手架(双排架)　由内外两排立杆和水平杆等构成的脚手架。

(6) 敞开式脚手架　仅在设有作业层栏杆和挡脚板，无其他遮挡设施的脚手架。

(7) 全封闭脚手架　脚手架外侧用立网、钢丝网等材料沿全长和全高进行封闭处理的脚手架。

(8) 局部封闭脚手架　遮挡面积小于30%的脚手架。

(9) 半封闭脚手架　遮挡面积占30%～70%的脚手架。

(10) 封圈形脚手架　沿建筑物周边交圈搭设的脚手架。

(11) 开口形脚手架　沿建筑周边没有交圈搭设的脚手架。

(12) 一字形脚手架　只沿建筑物一侧布置的脚手架。

(13) 模板支架　用于支撑模板的采用脚手架材料搭设的架子。

(14) 脚手架高度　自立杆底座下皮至架顶栏杆上皮之间的垂直距离。

(15) 脚手架长度　脚手架纵向两端立杆外皮间的水平距离。

(16) 脚手架宽度　双排脚手架横向内、外两立杆外皮之间的水平距离。单排脚手架为外立杆外皮至墙面的距离。

(17) 步距(步)　上下水平杆轴线间的距离。

(18) 立杆横距(间距)　双排脚手架内外立杆之间的轴线距离。单排脚手架为外立杆轴线至墙面的距离。

(19) 立杆纵距(跨距)　脚手架纵向(铺脚手板方向)相邻立杆轴线间的距离。

(20) 主节点　脚手架上立杆、大横杆、小横杆三杆紧靠的扣接点。

(21) 作业层(操作层、施工层)　上人作业的脚手架铺板层。

(22) 扫地杆　贴近地面连接立杆根部的水平杆。其作用是约束立杆下端部的移动。

(23) 连墙件　连接脚手架与建筑物的构件。是承受风荷载并保持脚手架空间稳定的重要部件。

(24) 刚性连墙件　采用钢管、扣件或预埋件组成的连墙件。

(25) 柔性连墙件　采用钢筋(或钢丝)作拉筋构成的连墙件。

(26) 剪刀撑　在脚手架外侧面成对设置的交叉斜杆。其主要作用是增强脚手架整体刚度和平面稳定性，斜杆与地面夹角 45°～60°。

(27) 横向斜撑　与双排脚手架内外立杆或水平杆斜交，上下连续呈“之”字形布置的斜杆。作用与剪刀撑类似。

(28) 抛撑　与脚手架外侧面斜交的杆件。起支撑作用，防止脚手架向外倾覆。

(29) 扣件　采用螺栓紧固的扣接连接件。

(30) 底座　设于立杆底部的垫座。

(31) 地基　脚手架下面支承建筑脚手架总荷载的那部分土层。

(32) 高层建筑脚手架　高度在24m以上的脚手架。

(四) 脚手架搭设的材料和常用工具

1. 架设材料及质量检验

搭设脚手架的材料有钢管架料及其配件，竹木架料及绑扎绳料。

(1) 钢管架料

1) 钢管

钢管采用直缝电焊钢管或低压流体输送用焊接钢管，有外径48mm、壁厚3.5mm和外径51mm、壁厚3.0mm两种规格。不允许两种规格混合使用。

钢管脚手架的各种杆件应优先采用外径48mm，厚3.5mm的电焊钢管。用于立柱、大横杆和各支撑杆(斜撑、剪刀撑、抛撑等)的钢管最大长度不得超过6.5m，一般为4～6.5m，小横杆所用钢管的最大长度不得超过2.2m，一般为1.8～2.2m。每根钢管的重量应控制在25kg之内。钢管两端面应平整，严禁打孔、开口。

通常对新购进的钢管先进行除锈，钢管内壁刷涂两道防锈漆，外壁刷涂防锈漆一道、面漆两道。对旧钢管的锈蚀检查应每年一次。检查时，在锈蚀严重的钢管中抽取三根，在每根钢管的锈蚀严重部位横向截断取样检查。当锈蚀深度超过表1-1的规定值时不得使用。经检验符合要求的钢管，应进行除锈，并刷涂防锈漆和面漆。

对进场的钢管应按表1-1所列项目分别进行检验。

钢管质量检验表　　表 1-1

项次	检查项目	图　　例	验收要求	检查工具
1	产品质量合格证		必须具备	
2	钢管材质检验报告		必须具备、钢管质量应符合现行国家标准《优质碳素结构钢》(GB/T 699—1999)中Q235-A级钢的有关规定	
3	表面质量		表面应平直光滑，不应有裂纹、结疤、分层、错位、硬弯、毛刺、压痕和划道	
4	外径、壁厚		钢管的外径，壁厚仅限定允许负偏差，除壁厚 3.0mm 允许偏差 −0.45mm 外，其余均不得超过允许偏差 −0.50mm	游标卡尺
5	端面	Δ	端面应平整，端面的切斜偏差 $\Delta<1.70$mm	塞尺、拐角尺
6	防锈处理		必须进行防锈处理，镀锌或防锈漆	
7	钢管锈蚀程度	Δ_1 Δ_2	钢管的锈蚀深度 $\Delta_1+\Delta_2\leqslant0.50$mm	游标卡尺
8	钢管的端部弯曲变形	Δ l	各类钢管的端部弯曲在 1.5m 长范围内允许偏差 $\Delta\leqslant5$mm	钢板尺

续表

项次	检查项目	图　例	验收要求	检查工具
9	钢管的初始弯曲变形	Δ l	钢管的初始弯曲不能过大； 1. 对立杆钢管，允许偏差 $\Delta\leqslant$12mm(3m<$l\leqslant$4m) 或 $\Delta\leqslant$20mm（4m<$l\leqslant$6.5m）； 2. 水平杆、斜杆钢管，允许偏差 $\Delta\leqslant$30mm	钢板尺

2）扣件

目前，我国钢管脚手架中的扣件有可锻铸铁扣件与钢板压制扣件两种。前者质量可靠，应优先采用。采用其他材料制作的扣件，应经实验证明其质量符合该标准的规定后方可使用。扣件螺栓采用 Q235-A 级钢制作。

扣件基本上有三种形式，如图 1-1 所示。

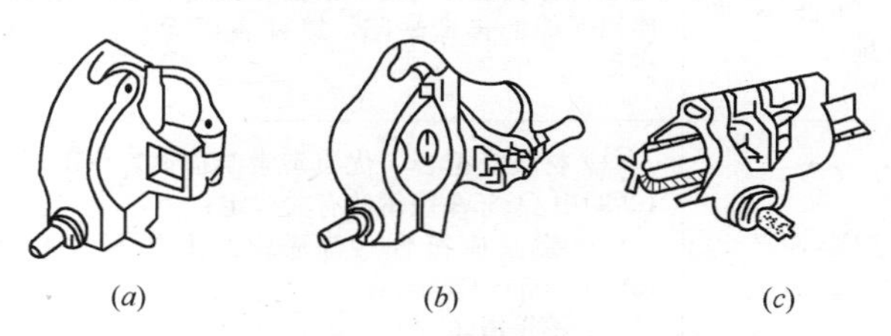

图 1-1　扣件实物图

(*a*)直角扣件；(*b*)旋转扣件；(*c*)对接扣件

① 直角扣件（十字扣件）。用于连接两根垂直相交的杆件，如立杆与大横杆、大横杆与小横杆的连接。靠扣件和钢管之间的摩擦力传递施工荷载。

② 旋转扣件（回转扣件）。用于连接两根平行或任意角

度相交的钢管的扣件。如斜撑和剪刀撑与立柱、大横杆和小横杆之间的连接。

③ 对接扣件（一字扣件）。钢管对接接长用的扣件，如立杆、大横杆的接长。

脚手架采用的扣件，在螺栓拧紧扭力矩达 65N·m 时，不得发生破坏。

对新采购的扣件应按表 1-2 所列项目逐项进行检验。若不符合要求，应抽样送专业单位进行鉴定。

扣件质量检验表 **表 1-2**

项次	检查项目	验 收 要 求
1	生产许可证、产品质量合格证	必须具备
2	法定检测单位的检测报告	必须具备。当对扣件质量有怀疑时，应按现行国家标准《钢管脚手架扣件》（GB 15831—1995）的规定抽样检测
3	扣件表面质量	不得有裂纹、气孔；不宜有疏松、砂眼或其他影响使用性能的铸造缺陷，铸件表面无粘砂、毛刺、氧化皮
4	螺栓	(1) 材质应符合《优质碳素结构钢》（GB/T 699—1999）中 Q235A 级钢的有关规定； (2) 螺纹应符合《普通螺纹基本尺寸》（GB/T 196—2003）的规定； (3) 不得滑丝
5	防锈处理	表面应涂防锈漆和面漆
6	扣件性能	(1) 与钢管的贴合面必须严格整形，应保证与钢管扣紧时接触良好； (2) 当扣件夹紧钢管时其开口处的最大距离应不大于 5mm； (3) 扣件活动部位应转动灵活，旋转扣件的两旋转面间隙应不大于 1.0mm

旧扣件在使用前应进行质量检查，有裂缝、变形的严禁使用，出现滑丝的螺栓必须更换。新旧扣件均应进行防锈处理。

3）底座

用于立杆底部的垫座。扣件式钢管脚手架的底座有可锻铸铁制成的定型底座和套管、钢板焊接底座两种，可根据具体情况选用。几何尺寸如图 1-2 所示。

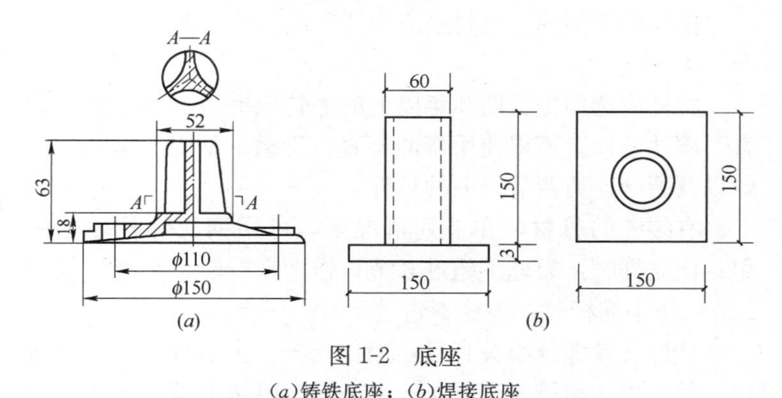

图 1-2　底座

(a)铸铁底座；(b)焊接底座

可锻铸铁制造的标准底座，其材质和加工质量要求同可锻铸铁扣件相同。

焊接底座采用 Q235A 钢，焊条应采用 E43 型。

(2) 竹木架料

1) 木材

木材可用作脚手架的立杆、大小横杆、剪刀撑和脚手板。

常用木材为剥皮杉或其他坚韧质轻的圆木，不得使用柳木、杨木、粹木、锻木、油松等木材，也不得使用易腐朽易折裂的其他木材。

用作立杆时，木料小头有效直径不小于 70mm，大头直径不大于 180mm，长度不小于 6m；用作大横杆时，小头有效直径不小于 80mm，长度不小于 6m；用作大横杆时，杉杆小头直径不小于 90mm，硬木（柞木、水曲柳等）小头直径不小于 70mm，长度 2.1～2.2m。用作斜撑、剪刀撑和抛撑时，小头直径不小于 70mm，长度不小于 6m。用作脚手板时，厚度不小于 50mm。

搭设脚手架的木材材质应为二等或二等以上。

2）竹材

竹杆应选用生长期 3 年以上的毛竹或楠竹。要求竹杆挺直，质地坚韧。不得使用弯曲不直、青嫩、枯脆、腐朽、虫蛀以及裂缝连通两节以上的竹杆。

有裂缝的竹材，在下列情况下，可用钢丝绑扎加固使用：作立杆时，裂缝不超过 3 节；作大横杆时，裂缝不超过 2 节；作小横杆时，裂缝不超过 1 节。

竹杆有效部分小头直径，用作立杆、大横杆、顶撑、斜撑、剪刀撑、抛撑等不得小于 75mm；用作小横杆不得小于 90mm；用作搁栅、栏杆不得小于 60mm。

承重杆件应选用生长期 3 年以上的冬竹（农历白露以后至次年谷雨前采伐的竹材）。这种竹材质地坚硬，不易虫蛀、腐朽。

（3）绑扎材料

竹木脚手架的各种杆件一般使用绑扎材料加以连接，木脚手架常用的绑扎材料有镀锌钢丝和钢丝两种。竹脚手架可以采用竹蔑、镀锌钢丝、塑料蔑等。竹脚手架中所有的绑扎材料均不得重复使用。

1）镀锌钢丝，俗称铁丝。抗拉强度高、不易锈蚀，是最常用的绑扎材料，常用 8 号和 10 号镀锌钢丝。8 号镀锌钢丝直径 4mm，抗拉强度为 $900N/mm^2$；10 号镀锌钢丝直径为 3.5mm，抗拉强度为 $1000N/mm^2$。镀锌钢丝使用时不准用火烧，次品和腐蚀严重的产品不得使用。

2）钢丝。常采用 8 号回火冷拔钢丝，使用前要经过退火处理（又称火烧丝）。腐蚀严重、表面有裂纹的钢丝不得使用。

3）竹蔑是由毛竹、水竹或慈竹破成。要求蔑料质地新鲜、韧性强、抗拉强度高；不得使用发霉、虫蛀、断腰、大节疤等竹篾。竹蔑使用前应置于清水中浸泡 12 小时以上，使其柔软、不易折断。竹蔑的规格见表 1-3。

竹蔑规格　　表 1-3

名称	长度(m)	宽度(mm)	厚度(mm)
毛竹篾	3.5～4.0	20	0.8～1.0
水竹、慈片篾	>2.5	5～45	0.6～0.8

4）塑料篾又称纤维编织带。必须采用有生产厂家合格证书和力学性能试验合格数据的产品。

（4）脚手板

脚手板铺设在小横杆上，形成工作平台，以便施工人员工作和临时堆放零星施工材料。它必须满足强度和刚度的要求，保护施工人员的安全，并将施工荷载传递给纵、横水平杆。

常用的脚手板有：冲压钢板脚手板、木脚手板、钢木混合脚手板和竹串片、竹笆板等，施工时可根据各地区的材源就地取材选用。每块脚手板的重量不宜大于 30kg。

1）冲压钢板脚手板

冲压钢板脚手板用厚 1.5～2.0mm 钢板冷加工而成，其形式、构造和外形尺寸如图 1-3 所示，板面上冲有梅花形翻边防滑圆孔。钢材应符合国家现行标准《优质碳素结构钢》(GB/T 699—1999)中 Q235A 级钢的规定。

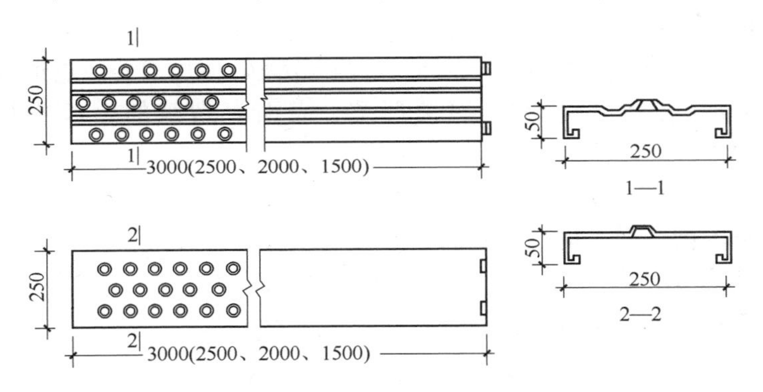

图 1-3 冲压钢脚手板形式与构造

钢脚手板的连接方式有挂钩式、插孔式和 U 形卡式，如图 1-4 所示。

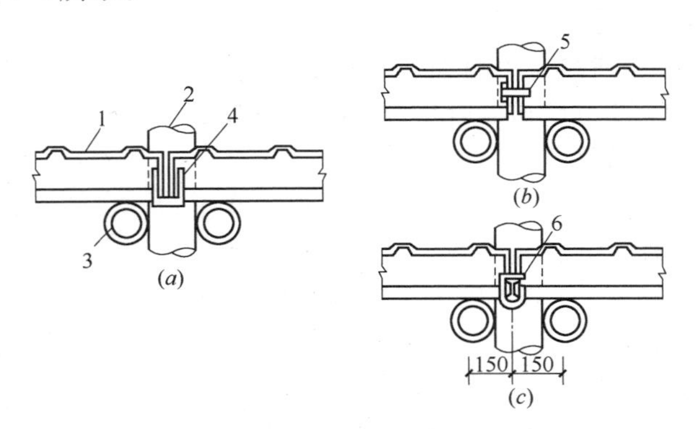

图 1-4 冲压钢板脚手板的连接方式

(*a*)挂钩式；(*b*)插孔式；(*c*)U 形卡式

1—钢脚手板；2—立杆；3—小横杆；4—挂钩；5—插销；6—U 形卡

2）木脚手板

木脚手板应采用衫木或松木制作，其材质应符合现行国家标准《木结构设计规范》(GBJ 5—1988)中Ⅱ材质的规定。脚手板厚度不应小于50mm，板宽为200～250mm，板长3～6m。在板两端往内80mm处，用10号镀锌钢丝加两道紧箍，防止板端劈裂。

3）竹串片脚手板

采用螺栓穿过并列的竹片拧紧而成。螺栓直径8～10mm，间距500～600mm；竹片宽50mm；竹串片脚手板长2～3m，宽0.25～0.3m，如图1-5所示。

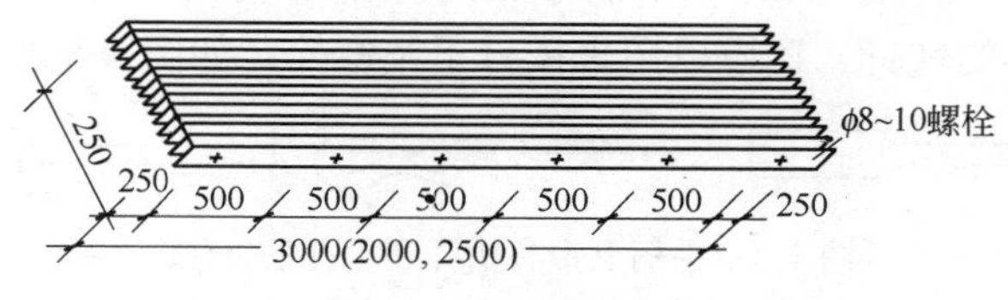

图1-5　竹串片脚手板

4）竹笆板

这种脚手板用竹筋作横挡，穿编竹片，竹片与竹筋相交处用钢丝扎牢。竹笆板长1.5～2.5m，宽0.8～1.2m，如图1-6所示。

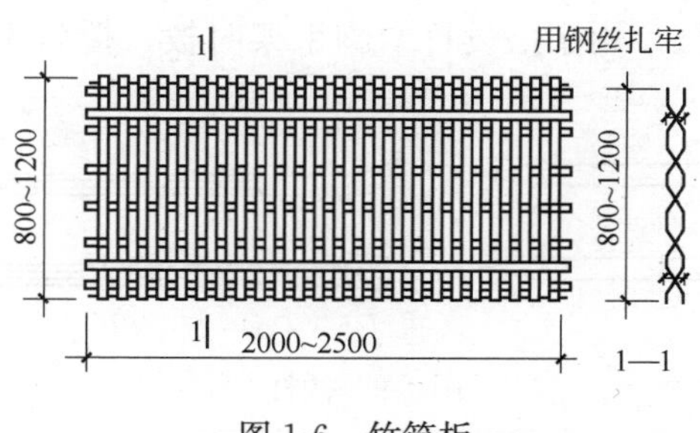

图1-6　竹笆板

5）钢竹脚手板

这种脚手板用钢管作直挡，钢筋作横挡，焊成爬梯式，在横挡间穿编竹片。如图 1-7 所示。

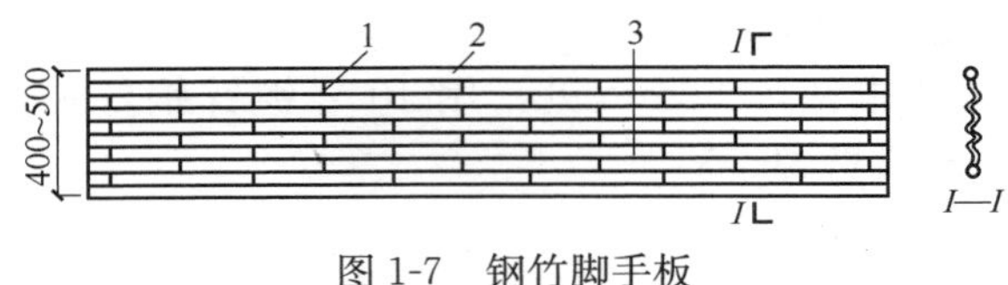

图 1-7　钢竹脚手板

1—钢筋；2—钢管；3—竹片

2. 搭设工具

（1）铁钎　用于搭拆脚手架时拧紧钢丝。手柄上带槽孔和栓孔的铁钎，还可以用来拔钉子及螺栓，如图 1-8 所示。

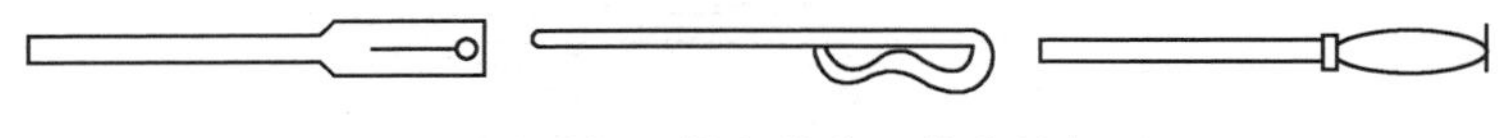

图 1-8　手柄上带有槽孔和栓孔的钎子

（2）扳手　包括固定扳手、活动扳手、棘轮扳手等。用于搭设扣件式钢管脚手架时紧螺栓。

（3）钢丝钳、钢丝剪、斩斧　用于拧紧、剪断铁丝和钢丝。

（4）榔头　用于搭设碗扣式钢管脚手架时敲拆碗扣。

（5）篾刀　用于搭设竹木脚手架时劈竹破篾。

（6）撬杠　用于搭设竹木脚手架时拨、撬竹木杆，如图 1-9 所示。

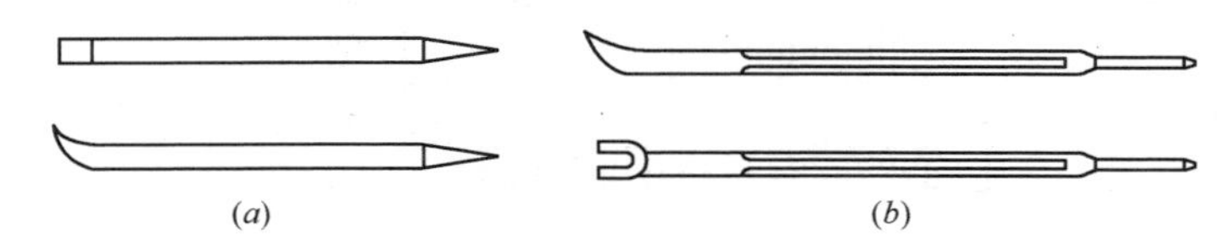

图 1-9　撬杠

(*a*)鸭嘴形撬杠；(*b*)虎牙形撬杠

（7）洛阳铲　用于木脚手架挖立柱坑。

（五）脚手架施工安全基本要求

脚手架搭设和使用，必须严格执行有关的安全技术规范。

（1）搭拆脚手架必须由专业架子工担任，并应按现行国家标准考核合格，持证上岗。上岗人员应定期进行体检，凡不适合高处作业者不得上脚手架操作。

（2）搭拆脚手架时，操作人员必须戴安全帽、系安全带、穿防滑鞋。

（3）脚手架在搭设前，必须制定施工方案和进行安全技术交底，并报上级审批后才能搭设。

（4）未搭设完的脚手架，非架子工一律不准上架。脚手架搭设完后，由施工负责人及技术、安全等有关人员共同验收合格后方可使用。

（5）作业层上的施工荷载应符合设计要求，不得超载。不得在脚手架上集中堆放模板、钢筋等物件，严禁在脚手架上拉缆风绳和固定、架设模板支架及混凝土泵、输送管等，严禁悬挂起重设备。

（6）不得在脚手架基础及邻近处进行挖掘作业。

（7）临街搭设的脚手架外侧应有防护措施，以防坠物伤人。

（8）搭拆脚手架时，地面应设围栏和警戒标志，并派专人看守，严禁非操作人员入内。

（9）六级及六级以上大风和雨、雪、雾天气不得进行脚手架搭拆作业。

(10) 在脚手架使用过程中，应定期对脚手架及其地基基础进行检查和维护，特别是下列情况下，必须进行检查：

① 作业层上施工加荷载前；

② 遇大雨和六级以上大风后；

③ 寒冷地区开冻后；

④ 停用时间超过一个月。

⑤ 如发现倾斜、下沉、松扣、崩扣等现象要及时修理。

(11) 脚手架的接地、避雷措施。脚手架与架空输电线路的安全距离等应按现行行业标准《施工现场临时用电安全技术规范》(JGJ 46—2005)的有关规定执行。钢管脚手架上安装照明灯时，电线不得接触脚手架，并要做绝缘处理。

(六) 脚手架搭设的施工准备工作

1. 编制施工方案并进行安全技术交底

在脚手架搭设前要由技术部门根据施工要求和现场情况以及建筑物的结构特点等诸多因素编制方案，方案内容包括架子构造、负荷计算、安全要求等，方案要经审批后方能生效。

工程的施工负责人应按工程的施工组织设计和脚手架施工方案的有关要求，向施工人员和使用人员进行技术交底。通过技术交底，架子工应了解以下主要内容：

(1) 工程概况，待建工程的面积、层数、建筑物总高度、建筑结构类型等；

(2) 选用的脚手架类型、形式，脚手架的搭投高度、宽度、步距、跨距及连墙杆的布置等；

(3) 施工现场的地基处理情况；

(4) 根据工程综合进度计划，了解脚手架施工的方法和安排、工序的搭接、工种的配合等情况；

（5）明确脚手架的质量标准、要求及安全技术措施。

2. 清理施工现场的障碍物

3. 脚手架的地基处理

落地脚手架须有稳定的基础支承，以免发生过量沉降，特别是不均匀的沉降，引起脚手架倒塌。对脚手架的地基要求如下：

（1）地基应平整夯实；

（2）有可靠的排水措施，防止积水浸泡地基；

4. 脚手架的放线定位、垫块的放置

根据脚手架立柱的位置，进行放线。脚手架的立柱不能直接立在地面上，立柱下应加设底座或垫块，具体作法如图1-10、图1-11所示：

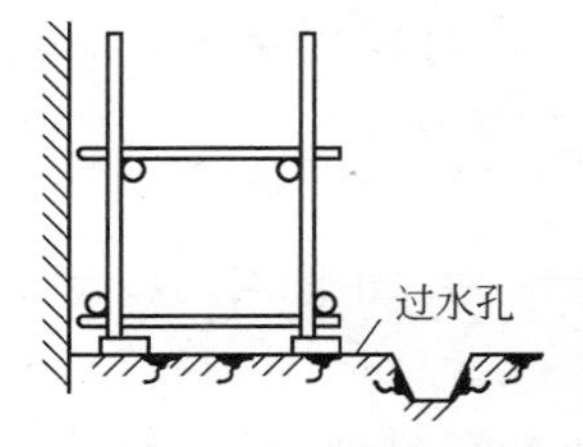

图1-10　普通脚手架的基底

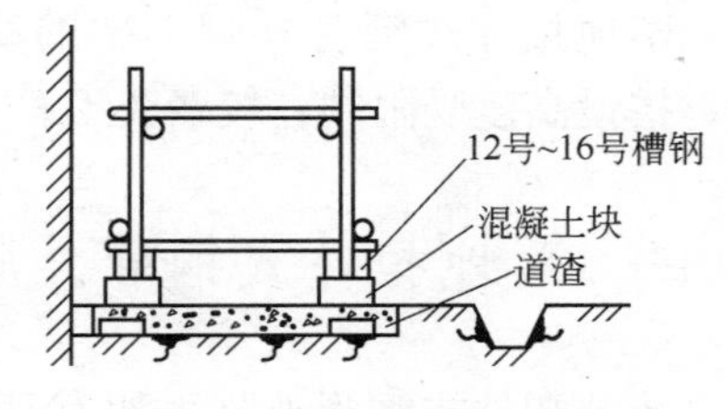

图 1-11　高层脚手架基底

（1）普通脚手架：垫块宜采用长 2.0～2.5m，宽不小于200mm，厚 50～60mm 的木板，垂直或平行于墙横放置，在外侧挖一浅排水沟。

（2）高层建筑脚手架：在夯实的地基上加铺混凝土层，其上沿纵向铺放槽钢，将脚手架立杆底座置于槽钢上。

5. 根据脚手架的构造要求、用料规格等进行用料的合理选择分类，并运至现场分类堆放，以便顺利施工。

二、落地扣件式钢管外脚手架

落地式外脚手架是指沿建筑物外侧从地面搭设的脚手架，随建筑结构的施工进度而逐层增高。落地扣件式钢管脚手架是应用最广泛的脚手架之一。

落地式钢管外脚手架由钢管和扣件组成，其优点是：加工简便，装拆灵活，搬运方便，通用性强；架子稳定，作业条件好；既可用于结构施工，又可用于装修工程施工；便于做好安全围护。

落地扣件式钢管外脚手架的缺点：材料用量大，周转慢；搭设高度受限制；较费人工。

（一）落地扣件式钢管外脚手架的构造要求

落地扣件式钢管外脚手架有双排和单排两种搭设形式，由立杆、大横杆、小横杆、剪刀撑、横向斜撑、连墙件等组成，如图 2-1 与图 2-2 所示。

单排外脚手架仅在结构外侧有一排立杆，小横杆一端于立杆和大横杆相连，另一端支搭在外墙上，外墙需要具有一定的宽度和强度。所以单排架的整体刚度较差，承载能力较低。因此在墙厚≤180mm 的墙体、空斗墙、加气块墙、砌筑砂浆强度等级≤M1 的砖墙和建筑物高度超过 24m 时不应使用单排架。

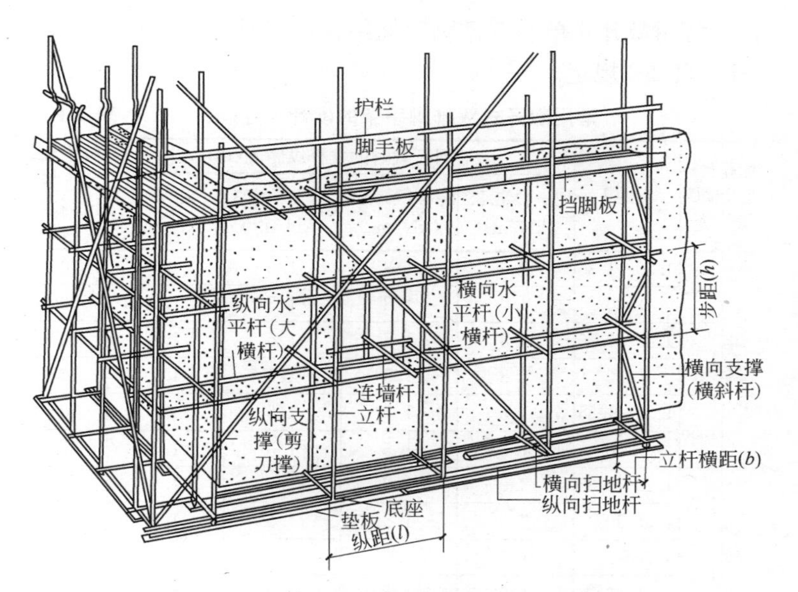

图 2-1　落地扣件式钢管外脚手架示意图

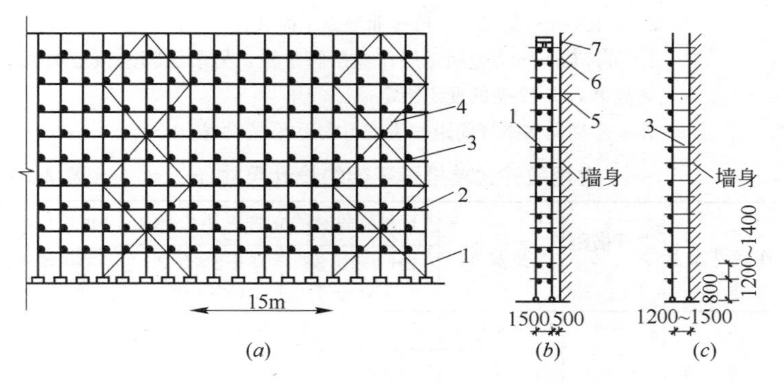

图 2-2　落地扣件式钢管外脚手架图例

(*a*)立面图；(*b*)双排架；(*c*)单排架

1—立杆；2—大横杆；3—小横杆；4—剪刀撑；5—连墙件；6—作业层；7—栏杆

常用敞开式单、双排脚手架结构的设计尺寸，应符合表2-1、表2-2规定。

常用敞开式双排脚手架的设计尺寸（m）　　表2-1

连墙件设置	立杆横距 l_b	步距 h	下列荷载时的立杆纵距 l_a（m）				脚手架允许搭设高度[H]
			2+4×0.35（kN/m²）	2+2+4×0.35（kN/m²）	3+4×0.35（kN/m²）	3+2+4×0.35（kN/m²）	
二步三跨	1.05	1.20～1.35	2.0	1.8	1.5	1.5	50
		1.80	2.0	1.8	1.5	1.5	50
	1.30	1.20～1.35	1.8	1.5	1.5	1.5	50
		1.80	1.8	1.5	1.5	1.2	50
	1.55	1.20～1.35	1.8	1.5	1.5	1.5	50
		1.80	1.8	1.5	1.5	1.2	37
三步三跨	1.05	1.20～1.35	2.0	1.8	1.5	1.5	50
		1.80	2.0	1.5	1.5	1.5	34
	1.30	1.20～1.35	1.8	1.5	1.5	1.5	50
		1.80	1.8	1.5	1.5	1.2	30

注：1. 表中所示2+2+4×0.35（kN/m²），包括下列荷载；
　　2+2（kN/m²）是二层装修作业层施工荷载；
　　4×0.35（kN/m²）包括二层作业层脚手板，另两层脚手板是根据本规范第7.3.12条的规定制定；
　2. 作业层横向水平杆间距，应按不大于 $l_b/2$ 设置。

常用敞开式单排脚手架的设计尺寸（m）　　表2-2

连接件设置	立杆横距 l_b	步距 h	下列荷载时的立杆纵距 l_a（m）		脚手架允许搭设高度[H]
			2+2×0.35（kN/m²）	3+2×0.35（kN/m²）	
二步三跨 三步三跨	1.20	1.20～1.35	2.0	1.8	24
		1.80	2.0	1.8	24
	1.40	1.20～1.35	1.8	1.5	24
		1.80	1.8	1.5	24

注：同上表。

1. 立杆的构造要求

立杆一般用单根，当脚手架很高、负荷较重时可以采用双根立杆。

每根立杆底部应设置底座或垫板。立杆顶端宜高出女儿墙上皮 1m，高出檐口上皮 1.5m。

立杆接长除顶层顶步可采用搭接接头外，其余各层各步接头必须采用对接扣件连接（对接的承载能力比搭接大 2.14 倍）。立杆上的对接接头应交错布置，在高度方向错开的距离不应小于 500mm，各接头中心距主节点的距离不应大于步距的 1/3；立杆的搭接长度不应小于 1m，不少于 2 个旋转扣件固定，端部扣件盖板的边缘至杆端距离不应小于 100mm。

双管立杆中副立杆的高度不应低于 3 步，钢管长度不应小于 6m。双管立杆与单管立杆的连接可以采用如图 2-3 所示的方式。主立杆与副立杆采用旋转扣件连接，扣件数量不应小于 2 个。

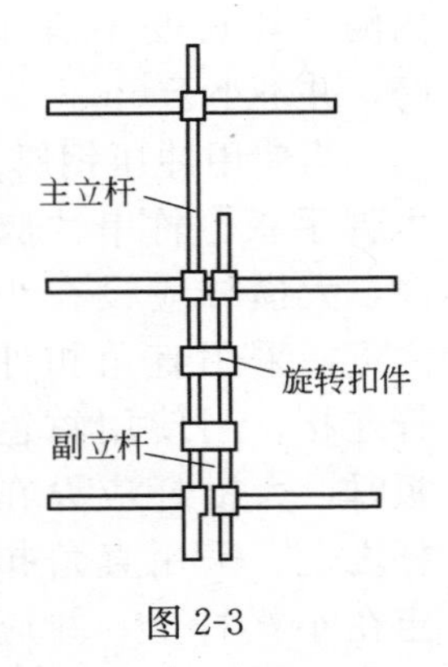

图 2-3

脚手架必须设置纵、横向扫地杆，并用直角扣件固定在立杆上，横向扫地杆的扣件在下，扣件距底座上皮不大于 200mm。当立杆基础不在同一高度上时，必须将高处的纵向扫地杆向低处延长两跨与立杆固定，高低差不应大于 1m。靠边坡上方的立杆轴线到边坡的距离不应小于 500mm（图 2-4）。

脚手架底层步距不应大于 2m。

立杆必须用连墙件与建筑物可靠连接，连墙件布置间距宜按规范采用。

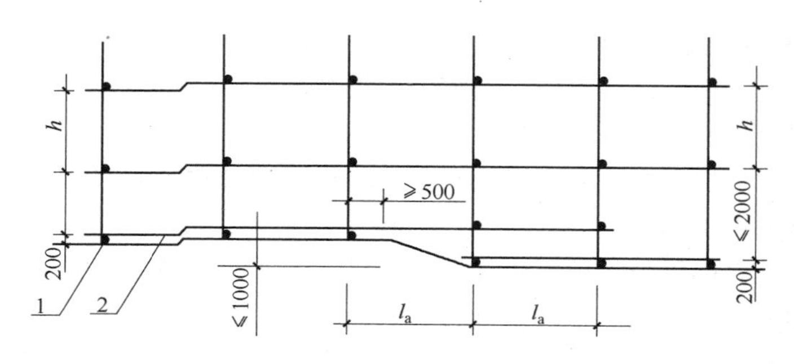

图 2-4　纵、横向扫地杆构造

1—横向扫地杆；2—纵向扫地杆

2. 大横杆的构造要求

大横杆宜设置在立杆内侧，其长度不宜小于 3 跨，并不小于 6m。

当使用冲压钢脚手板、木脚手板、竹串片脚手板时，大横杆应设在小横杆之下，采用直角扣件与立杆连接；当使用竹笆脚手板时，大横杆应设在小横杆之上，采用直角扣件固定在小横杆上，并应等间距设置，间距不应大于 400mm(图 2-5)。

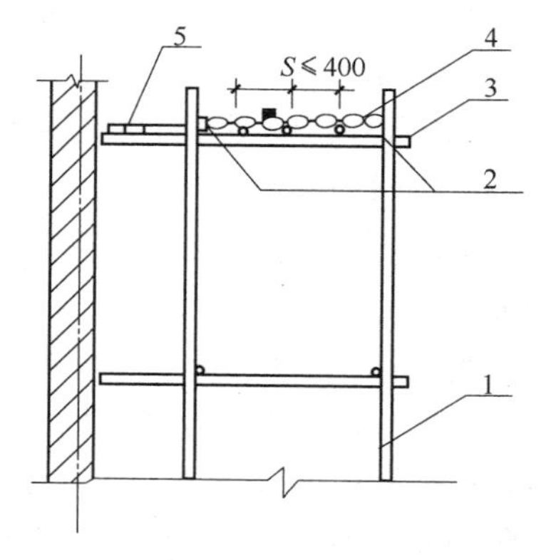

图 2-5　铺竹笆脚手板时纵向水平杆的构造

1—立杆；2—纵向水平杆；3—横向水平杆；4—竹笆脚手板；5—其他脚手板

大横杆接长宜采用对接扣件连接，也可采用搭接。对接、搭接应符合下列规定：

大横杆的对接扣件应交错布置，相邻两接头不宜设置在同步或同跨内，在水平方向错开的距离不应小于500mm；各接头中心至最近主节点的距离不宜大于纵距的1/3（图2-6）。

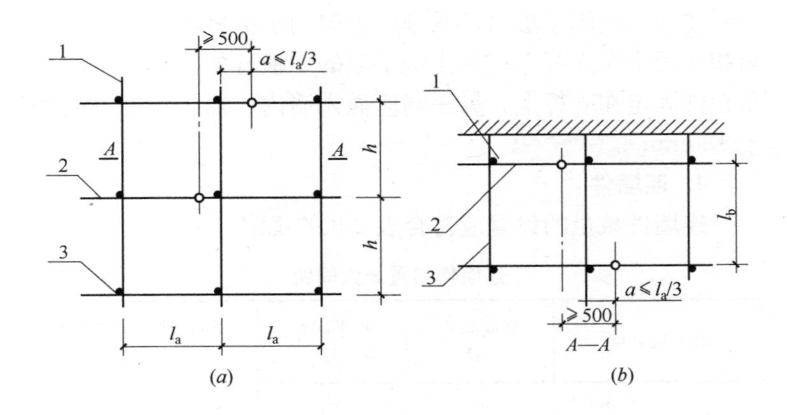

图2-6　纵向水平杆对接接头布置

(*a*)接头不在同步内(立面)；(*b*)接头不在同跨内(平面)

1—立杆；2—纵向水平杆；3—横向水平杆

搭接长度不应小于1m，应等间距设置3个旋转扣件固定，端部扣件盖板边缘至搭接纵向水平杆杆端的距离不应小于100mm。

3. 小横杆的构造要求

主节点处必须设置一根小横杆，用直角扣件固定在大横杆上且严禁拆除；

作业层上非主节点处的小横杆，宜根据支承脚手板的需要等间距设置，最大间距不应大于纵距的1/2；

当使用冲压钢脚手板、木脚手板、竹串片脚手板时，双排脚手架的小横杆两端均应采用直角扣件固定在大横杆上；单排脚手架的小横杆的一端，应用直角扣件固定在大横杆上，另一端应插入墙内，插入长度不应小于180mm。

使用竹笆脚手板时，双排脚手架的小横杆两端，应用直角扣件固定在立杆上；单排脚手架的小横杆的一端，应用直角扣件固定在立杆上，另一端应插入墙内，插入长度不应小于180mm。

4. 连墙件

连墙件数量的设置应符合表2-3的规定。

连墙件布置最大间距　　表2-3

脚手架高度		竖向间距 (h)	水平间距 (l_a)	每根连墙件覆盖面积 (m^2)
双排	≤50m	$3h$	$3l_a$	≤40
	>50m	$2h$	$3l_a$	≤27
单排	≤24m	$3h$	$3l_a$	≤40

注：h——步距；
l_a——纵距。

连墙件有刚性连墙件和柔性连墙件两类：

(1) 刚性连墙件

刚性连墙件(杆)一般有三种做法：

1) 连墙杆与预埋件焊接而成。在现浇混凝土的框架梁、柱上留预埋件，然后用钢管或角钢的一端与预埋件焊接，如图2-7所示，另一端与连接短钢管用螺栓连接。

2) 用短钢管、扣件与钢筋混凝土柱连接(图2-8)。

3) 用短钢管、扣件与墙体连接(图2-9)。

(2) 柔性连墙件

单排脚手架的柔性连墙件做法如图2-10(a)所示，双排

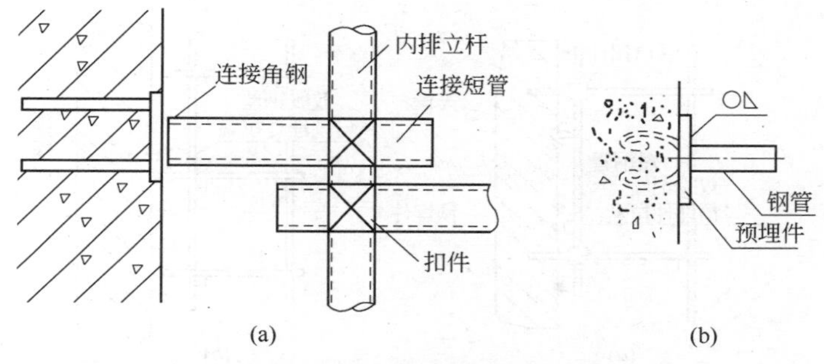

图 2-7　钢管焊接刚性连墙杆

(*a*)角钢焊接预埋件；(*b*)钢管焊接预埋件

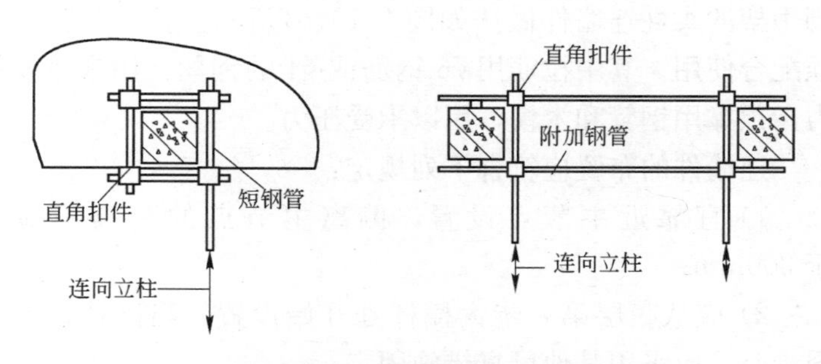

图 2-8　钢管扣件柱刚性连墙杆

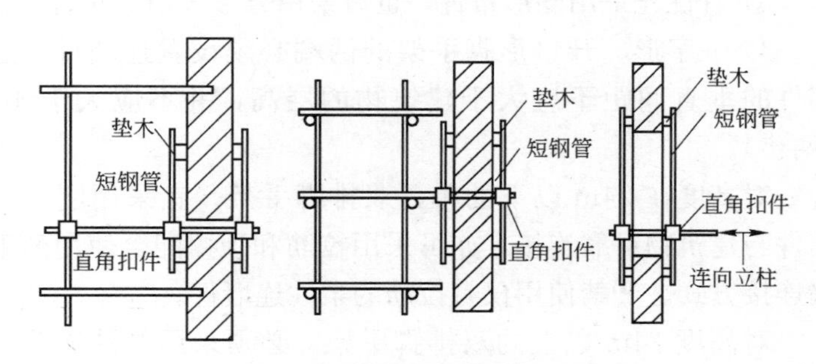

图 2-9　钢管扣件墙刚性连墙杆

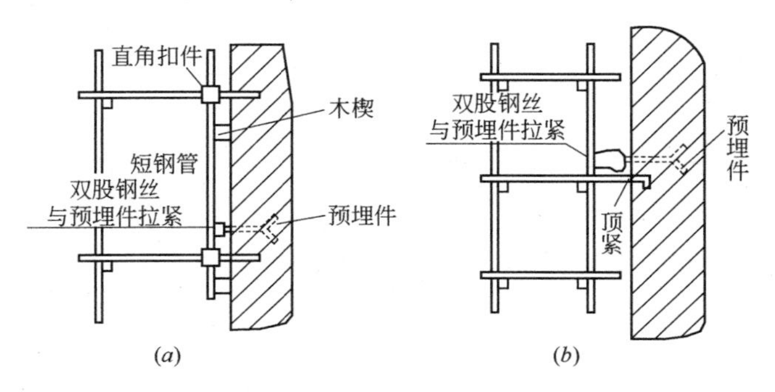

图 2-10 柔性连墙件

脚手架的柔性连墙件做法如图 2-10(*b*)所示。拉接和顶撑必须配合使用。其中拉筋用 $\phi 6$ 钢筋或 $\phi 4$ 的钢丝，用来承受拉力；顶撑用钢管和木楔，用以承受压力。

连墙件的布置应符合下列规定：

1）宜靠近主节点设置，偏离主节点的距离不应大于 300mm；

2）应从底层第一步大横杆处开始设置，当该处设置有困难时，应采用其他可靠措施固定；

3）宜优先采用菱形布置，也可采用方形、矩形布置；

4）一字形、开口形脚手架的两端必须设置连墙件，连墙件的垂直间距不应大于建筑物的层高，并不应大于 4m（两步）。

对高度在 24m 以下的单、双排脚手架，宜采用刚性连墙件与建筑物可靠连接，亦可采用拉筋和顶撑配合使用的附墙连接方式。严禁使用仅有拉筋的柔性连墙件。

对高度 24m 以上的双排脚手架，必须采用刚性连墙件与建筑物可靠连接。

连墙件的构造应符合下列规定：

1）连墙件中的连墙杆或拉筋宜呈水平设置，当不能水平设置时，与脚手架连接的一端应下斜连接，不应采用上斜连接；

2）连墙件必须采用可承受拉力和压力的构造。

当脚手架下部暂不能设连墙件时可搭设抛撑。抛撑应采用通长杆件与脚手架可靠连接，与地面的倾角应在45°～60°之间；连接点中心至主节点的距离不应大于300mm。抛撑应在连墙件搭设后方可拆除。

架高超过40m且有风涡流作用时，应采取抗上升翻流作用的连墙措施。

5. 剪刀撑与横向斜撑

双排脚手架应设剪刀撑与横向斜撑，单排脚手架应设剪刀撑。

（1）剪刀撑的设置应符合下列规定：

1）每道剪刀撑跨越立杆的根数宜按表2-4的规定确定。每道剪刀撑宽度不应小于4跨，且不应小于6m，斜杆与地面的倾角宜在45°～60°之间；

剪刀撑跨越立杆的最多根数　　　　表2-4

剪刀撑斜杆与地面的倾角	45°	50°	60°
剪刀撑跨越立杆的最多根数	7	6	5

2）高度在24m以下的单、双排脚手架，均必须在外侧立面的两端各设置一道剪刀撑，并应由底至顶连续设置；中间各道剪刀撑之间的净距不应大于15m。如图3-8所示。

3）高度在24m以上的双排脚手架应在外侧立面整个长度和高度上连续设置剪刀撑；

4）剪刀撑斜杆的接长宜采用搭接，搭接要求同立杆搭接要求。

5）剪刀撑斜杆应用旋转扣件固定在与之相交的小横杆的伸出端或立杆上，旋转扣件中心线至主节点的距离不宜大于150mm。

（2）横向斜撑的设置应符合下列规定：

1）横向斜撑应在同一节间，由底至顶层呈之字形连续布置。

2）一字形、开口形双排脚手架的两端均必须设置横向斜撑。

3）高度在24m以下的封闭型双排脚手架可不设横向斜撑；高度在24m以上的封闭型脚手架，除拐角应设置横向斜撑外，中间应每隔6跨设置一道。

6. 扣件安装

（1）扣件规格必须与钢管外径（ϕ48或ϕ51）相同；

（2）螺栓拧紧扭力矩不应小于40N·m，且不应大于65N·m。

扣件螺栓拧得太紧或拧过头，脚手架承受荷载后，容易发生扣件崩裂或滑丝，发生安全事故。扣件螺栓拧得太松，脚手架承受荷载后，容易发生扣件滑落，发生安全事故；

（3）在主节点处固定小横杆、大横杆、剪刀撑、横向斜撑等用的直角扣件、旋转扣件的中心点的相互距离不应大于150mm；

（4）对接扣件开口应朝上或朝内；

（5）各杆件端头伸出扣件盖板边缘的长度不应小于100mm。

7. 脚手板的设置要求

作业层脚手板应铺满、铺稳，离开墙面120～150mm；

冲压钢脚手板、木脚手板、竹串片脚手板等，应设置在三根小横杆上。当脚手板长度小于2m时，可采用两根小横杆支承，但应将脚手板两端与其可靠固定，严防倾翻。此三种脚手板的铺设可采用对接平铺，亦可采用搭接铺设。脚手板对接平铺时，接头处必须设两根小横杆，脚手板外伸长应取130～150mm，两块脚手板外伸长度的和不应大于300mm（图2-11*a*）；脚手板搭接铺设时，接头必须支在小横杆上，搭接长度应大于200mm，其伸出小横杆的长度不应小于100mm（图2-11*b*）。

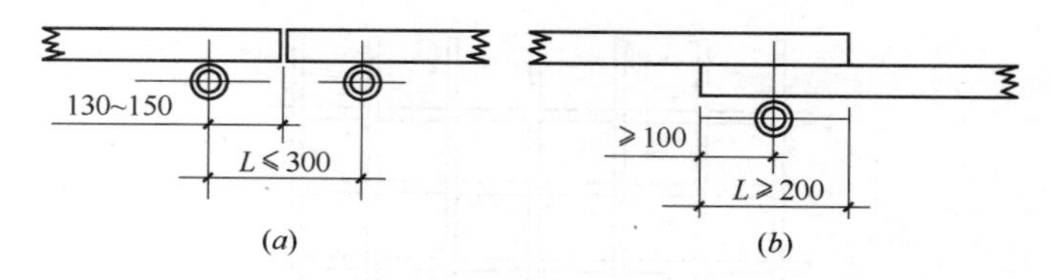

图2-11　脚手板对接、搭接构造
（*a*）脚手板对接；（*b*）脚手板搭接

竹笆脚手板应按其主竹筋垂直于大横杆方向铺设，且采用对接平铺，四个角应用直径1.2mm的镀锌钢丝固定在大横杆上。

脚手板探头应用直径3.2mm的镀锌钢丝固定在支承杆件上；在拐角、斜道平台口处的脚手板，应与小横杆可靠连接，防止滑动；自顶层作业层的脚手板往下计，宜每隔12m满铺一层脚手板。

8. 护栏和挡脚板的设置

脚手架搭设到两步架以上时，操作层必须设置高1.2m

的防护栏杆和高度不小于 0.18m 的挡脚板，以防止人、物的闪出和坠落。栏杆和挡脚板均应搭设在外立杆的内侧，中栏杆应居中设置。

9. 特殊部位的处理

脚手架搭设遇到门洞通道时，为了施工方便和不影响通行与运输，应设置八字撑，如图 2-12 所示。

八字撑设置的方法是在门洞或过道处反空 1～2 根立杆，并将悬空的立杆用斜杆逐根连接到两侧立杆上并用扣件扣牢，形成八字撑。斜面撑与地面呈 45°～60°角，上部相交于洞口上部 2～3 步大横杆上，下部埋入土中不少于 300mm。洞口处大横杆断开。

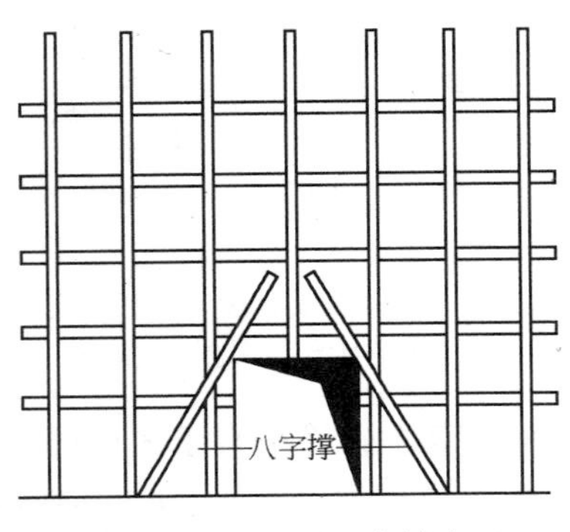

图 2-12　通道处八字撑布置

（二）落地扣件式钢管外脚手架搭设

脚手架搭设必须严格执行有关的脚手架安全技术规范，采取切实可靠的安全措施，以保证安全可靠施工。

脚手架按形成基本构架单元的要求，逐排、逐跨、逐步地进行搭设。

矩形周边脚手架可在其中的一个角的两侧各搭设一个1～2根杆长和1根杆高的架子，并按规定要求设置剪刀撑或横向斜撑，以形成一个稳定的起始架子(如图2-13)，然后向两边延伸，至全周边都搭设好后，再分步满周边向上搭设。

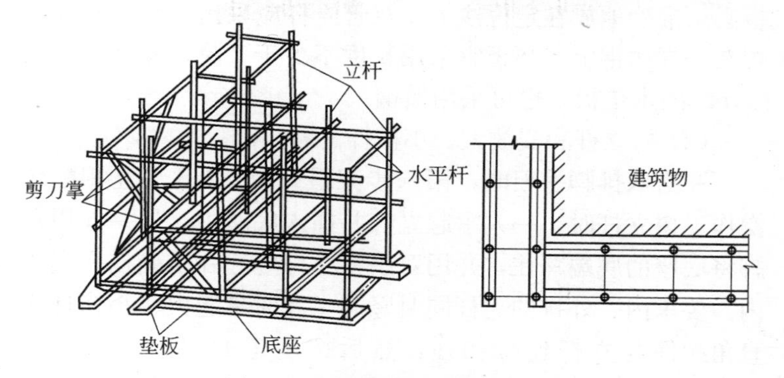

图2-13　脚手架搭设的起始架子

1. 在搭施脚手架时，各杆的搭设顺序为：

搭设准备→放立杆位置线→铺垫板→放底座→摆放纵向扫地杆→逐根树立杆(随即与纵向扫地杆扣紧)→安放横向扫地杆(与立杆或纵向扫地杆扣紧)→安装第一步大横杆和小横杆→安装第二步大横杆和小横杆→加设临时抛撑(上端与第二步大横杆扣紧，在设置二道连墙杆后可拆除)→安装第三、四步大横杆和小横杆；设置连墙杆→安装横向斜撑→接立杆→加设剪刀撑；铺脚手板→安装封顶杆→安装护身栏杆和扫脚板→立挂安全网。

2. 搭设要点

脚手架必须配合施工进度搭设，一次搭设高度不应超过相邻连墙件以上两步。

每搭完一步脚手架后，应按规范的规定校正步距、纵距、横距及立杆的垂直度。

（1）放线和铺垫板

按单、双排脚手架的杆距、排距要求放线、定位，铺设垫板和安放底座时应注意垫板铺平稳，不得悬空，底座、垫板必须准确地放在定位线上，双管立杆应采用双管底座或点焊在一根槽钢上。垫板宜采用长度不少于 2 跨、厚度不小于 50mm 的木垫板，也可采用槽钢。

（2）树立杆和安放大、小横杆

在搭双排脚手架时，第一步架最好有 6～8 人互相配合操作。树立杆时，一人拿起立杆并插入底座中，另一人用左脚将底座的底端踩住，并用双手将立杆竖起并准确插入底座内。要求内、外排的立杆同时竖起，及时拿起大、小横杆用直角扣件与立杆连接扣住，然后按规定的间距绑上临时抛撑。

在竖立第一步架时，必须有一人负责校正立杆的垂直度和大横杆的平直度。立杆的垂直偏差不大于架高的 1/200，如 6m 的立杆垂直偏差不得大于 3cm。先校正两端头的立杆，中间立杆以端头立杆为准竖直即可。其他立杆、大小横杆可按上述操作要点进行。

纵向、横向扫地杆搭设应符合前述构造规定。

搭设立杆应注意以下几点：

1）严禁将外径 48mm 与 51mm 的钢管混合使用。

2）立柱的接头不得在同一步架、同一跨间高度内，至少应错开 50cm 以上。

3）开始树立杆时，应每隔 6 跨设抛撑一道，直至连墙件安装稳定后，方可视情况拆除。

4）当搭至有连墙件的构造点时，在搭设完该处的立杆、大小横杆和剪刀撑后，应立即设置连墙件。

搭设大小横杆应注意以下几点：

1）封闭型脚手架同一步架内，大横杆必须四周交圈，用直角扣件与外、内角柱固定好。

2）双排脚手架的小横杆的靠墙一端至墙面的距离不宜大于100mm。

3）单排外脚手架搁置小横杆的墙孔（脚手眼）要预留，不得在已砌筑墙上打洞作“脚手眼”。为确保墙的整体承载力，在下列部位不允许留置脚手眼。设计上不允许留脚手眼的部位；砖过梁上与过梁两端呈60°角的三角形范围内及过梁净跨度1/2的高度范围内；宽度小于1m的窗间墙；梁的支承部位和梁垫下及其两侧各500mm范围内；砖砌体的门窗洞口两侧200mm砖和转角处450mm砖的范围内，其他砌体的门窗洞口两侧300mm和转角处600mm的范围内；独立或附墙的砖柱。

4）大、小横杆的接点不得在同一步架或同一跨间内，并要求上下错开连接。

5）大横杆应安放在立杆的内侧，各杆件用扣件互相连接伸出的端头均应大于100mm，以防滑脱。

（3）搭设连墙件、剪刀撑、横向斜撑

剪刀撑、横向斜撑搭设应随立杆、大横杆和小横杆等同步搭设。

连墙件搭设应符合前述构造规定。当脚手架施工操作层高出连墙件二步时，应采取临时稳定措施，直到上一层连墙件搭设完后方可根据情况拆除。

撑杆一般用搭接接长，搭接长度不小于50cm，与地面

的夹角不大于60°。斜杆两端扣件与立杆节点的距离不宜大于200mm，

最下面的斜杆与立杆的连接点距地面的距离不宜大于50cm，以保证架子的安全。

（4）脚手架封顶

扣件式钢管脚手架一次不宜搭得过高，应随着结构的升高而升高。脚手架在封顶时，必须按安全操作要求做到以下几点。

1）立杆高出屋顶的高度：平屋顶高出女儿墙1m，坡屋顶超过檐口1.5m。

2）里排立杆必须低于檐口底150～200mm。

3）绑扎两道护身栏杆，一道180mm高的挡脚板，并立挂安全网。

3. 搭设要求及注意事项

（1）扣件的紧固要求

架杆的同时，就要装扣件并紧固。架横杆时，可在立杆上预定位置留置扣件，横杆依该扣件就位。先上好螺栓，再调平、校正，然后紧固。调整扣件位置时，要松开扣件螺栓移动扣件，不能猛力敲打。

各种扣件的螺栓拧紧度对脚手架的安全至关重要，扣件螺栓拧得太紧或拧过头，脚手架承受荷载后容易发生扣件崩裂或滑丝事故；扣件螺栓拧得太松，脚手架承受荷载后容易产生滑落事故。二者对脚手架的承载能力、稳定性及施工安全影响极大。尤其是立杆与大横杆连接部位的扣件，应确保大横杆受力后不致向下滑移。紧固扣件时，要注意以下几点：

1）紧固力矩

试验表明，扣件螺栓拧紧到扭矩为 40～65N·m时，扣件才具有抗滑、抗转动和抗拨出的能力，并具有一定的安全储备。当扭矩达 65N·m 以上时，扣件螺栓将出现“滑丝”，甚至断裂。因此，要求扭力矩最大不得超过 65N·m 。

2）紧固扣件螺栓的工具

可以用棘轮扳手和固定扳手(活动扳手)。棘轮扳手可以连续拧转操作，使用方便。固定(活动)扳手时，操作人应根据自己使用的扳手的长度用测力计测量自己的手劲，反复练习，以便熟练掌握自己扭力矩的大小，可确保脚手架的搭设安全。

3）扣件开口的朝向

根据扣件所处的位置和作用的不同，应注意扣件在杆上的开口朝向的差异。要有利于扣件受力；当螺栓滑丝时，不致立即脱落；要避免雨水进入钢管。例如，用于连接大横杆的对接扣件，扣件开口应朝里，螺栓朝上，以防止雨水进入钢管，使钢管锈蚀。使用直角扣件时开口应朝内或外、螺栓朝上。

（2）各杆件搭接位置的要求

立杆和大横杆都要接长，除顶部立杆可用旋转扣件搭接接长外，其余部位用对接扣件接长，接头位置不得在同一步架和同一跨间内，要互相错开连接。因此树立杆时应长短搭配使用。双排架先接外排立杆，后接里排立杆，同时相邻杆的接头位置要错开 500mm 以上。

大横杆、剪刀撑等的连接也不得在同一步架内或同一跨间内，并应上下错开连接。

（3）安装剪刀撑的要求

随着架子的升高，每搭 7 架后要及时安装剪刀撑。剪刀撑的钢管因要承受拉力，不能用对接扣件，只能用旋转扣件连接。其接长部位要超过600mm，用2个扣件连接，搭接位置应错开500mm以上。剪刀撑的一根杆与立杆扣紧，另一根杆应与小横杆扣紧，这样可避免扭弯钢管。

剪刀撑两端的扣件距邻近连接点的距离不宜大于200mm。最下一对剪刀撑与立杆的连接点距地面不宜大于500mm，以确保架子稳定。

三、落地碗扣式钢管脚手架

碗扣式脚手架，又称多功能碗扣型脚手架，是采用定型钢管杆件和碗扣接头连接的一种承插锁固式多立杆脚手架，是我国科技人员在 20 世纪 80 年代中期根据国外的经验开发出来的一种新型多功能脚手架，具有结构简单、轴向连接，力学性能好、承载力大，接头构造合理，工作安全可靠，拆装方便、高效，操作容易，构件自重轻，作业强度低，零部件少，损耗率低，便于管理，易于运输，多种功能等优点。在我国近年来发展较快，现已广泛用于房屋、桥梁、涵洞、隧道、烟囱、水塔、大坝、大跨度网架等多种工程施工中，取得了显著的经济效益。

碗扣式脚手架在操作上免去了工人拧紧螺栓的过程，它的节点构造完全是杆件和扣件的旋转、承插、长扣咬合的，只要安装到位就达到目的，不像扣件式脚手架人工拧螺栓紧固程度靠工人用力的感觉来完成。脚手架结构本身安全克服了人为的感觉因素，更能直观地体现脚手架作为一种临时结构的安全性。

（一）碗扣式钢管脚手架的构造特点

碗扣式钢管脚手架采用每隔 0.6m 设一套碗扣接头的定型立杆和两端焊有接头的定型横杆，并实现杆件的系列标准化。主要构件是 ϕ48mm×3.5mm，Q235A 级焊接钢管，其核心部件是连接各杆的带齿的碗扣接头，它由上碗扣、下碗扣、横杆接头、斜杆接头和上碗扣限位销等组成，其构造如图 3-1(*a*)所示。

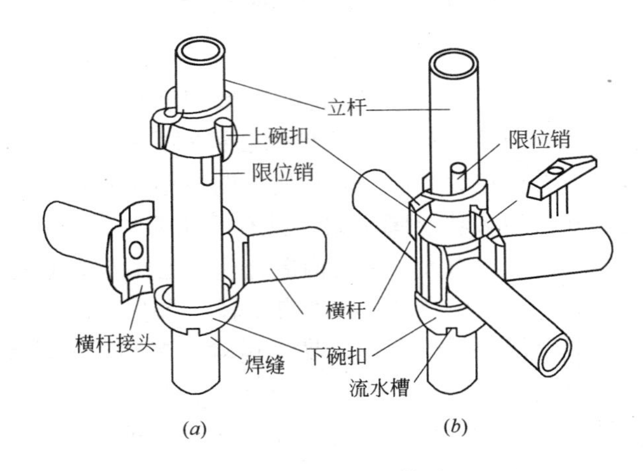

图 3-1　碗扣接头构造

(*a*)连接前；(*b*)连接后

立杆上每隔 0.6m 安装一套碗口接头，并在其顶端焊接立杆连接管。下碗扣和限位销焊在立杆上，上碗口对应地套在钢管上，其销槽对准限位销后就能上、下滑动。

横杆是在钢管的两端各焊接一个横杆接头而成。

连接时，只需将横杆接头插入立杆上的下碗扣圆槽内，再将上碗扣沿限位销扣下，并顺时针旋转，靠上碗扣螺旋面使之与限位销顶紧(可使用锤子敲击几下即可达到扣紧要求)，从而将横杆与立杆牢固地连在一起，(图 3-1*b*)形成框架结构。碗扣式接头的拼装完全避免了螺栓作业。

碗扣接头可同时连接四根横杆，并且横杆可以互相垂直，也可以倾斜一定的角度。

斜杆是在钢管的两端铆接斜杆接头而成。同横杆接头一样可装在下碗扣内，形成斜杆节点。斜杆可绕斜杆接头转动（图 3-2）。

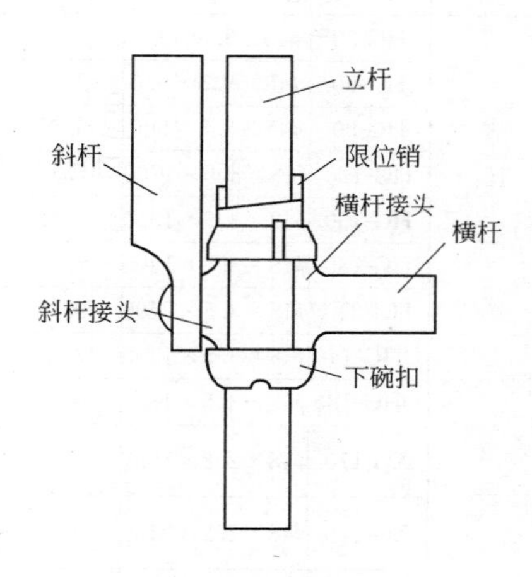

图 3-2　斜杆节点构造

（二）碗扣式钢管脚手架的杆配件规格

碗扣式钢管脚手架的原设计杆配件，共计有 23 类，53 种规格。按用途可分为主构件、辅助构件和专用构件三类，见表 3-1。

碗扣式钢管脚手架杆配件规格及用途　　表 3-1

类别	名称		型号	规格(mm)	单重(kg)	用途
主构件	立杆		LG-180	ϕ48×3.5×1300	10.53	框架垂直承力杆
			LG-300	ϕ48×3.5×3000	17.07	
	顶杆		DG-90	ϕ48×3.5×900	5.30	支撑架(柱)顶端垂直承力杆
			DG-150	ϕ48×3.5×1500	8.62	
			DG-210	ϕ48×3.5×2100	11.93	
	横杆		HG-30	ϕ48×3.5×300	1.67	立杆横向连接杆；框架水平承力杆
			HG-60	ϕ48×3.5×600	2.82	
			HG-90	ϕ48×3.5×900	3.97	
			HG-120	ϕ48×3.5×1200	5.12	
			HG-150	ϕ48×3.5×1500	6.82	
			HG-180	ϕ48×3.5×1800	7.43	
			HG-240	ϕ48×3.5×2400	9.73	
	单排横杆		DHG-140	ϕ48×3.5×1400	7.51	单排脚手架横向水平杆
			DHG-180	ϕ48×3.5×1800	9.05	
	斜杆		XG-170	ϕ48×2.2×1697	5.47	1.2m×1.2m 框架斜撑
			XG-216	ϕ48×2.2×2160	6.63	1.2m×1.8m 框架斜撑
			XG-234	ϕ48×2.2×2343	7.07	1.5m×1.8m 框架斜撑
			XG-255	ϕ48×2.2×2546	7.58	1.8m×1.8m 框架斜撑
			XG-300	ϕ48×2.2×3000	8.72	1.8m×2.4m 框架斜撑
	立杆底座	立杆底座	LDI	150×150×180	1.70	立杆底部垫板
		立杆可调座	KTZ-30	0-300	6.16	立杆底部可调节高度支座
			XTZ-60	0-600	7.86	
		粗细调座	CXZ-60	0-600	6.10	立杆底部有粗细调座可调高度支座

续表

类别		名称		型号	规格(mm)	单重(kg)	用途
辅助构件	作业面辅助构件	间横杆		JHG-120	ϕ48×3.5×1200	6.43	水平框架之间连在两横杆间的横杆
				JGH-120+30	ϕ48×3.5 (1200+300)	7.74	同上，有0.3m挑梁
				JHG-120+60	ϕ48×3.5 (3200+600)	9.96	同上，有0.6m挑梁
		脚手板		JB-120	1200×270	9.05	用于施工作业层面的台板
				JB-150	1500×270	11.15	
				JB-180	1800×270	13.24	
				JB-240	2400×270	17.03	
		斜道板		XB-190	1897×540	28.24	用于搭设栈桥或斜道的铺板
		挡　板		DB-120	1200×220	7.18	施工作业层防护板
				DB-150	1600×220	8.93	
				DB-180	1800×220	10.68	
		横梁	窄挑梁	TL-30	ϕ48×3.5×300	1.68	用于扩大作业面的挑梁
			宽挑梁	TL-60	ϕ48×3.5×600	9.30	
	用于连接的构件	架　梯		JT-255	2546×540	26.32	人员上、下梯子
		立杆连接钢		LLX	ϕ10	0.104	立杆之间连接锁定用
		直角撑		ZJC	125	1.62	两相交叉的脚手架之间的连接件
		连接撑	转扣式	WLC	415-625	2.04	脚手架同建筑物之间连接件
			扣件式	RLC	415-625	2.00	
		高层卸荷拉结杆		GLC			高层脚手架卸荷用杆件

续表

<table>
<tr><th colspan="2">类别</th><th colspan="2">名称</th><th>型号</th><th>规格(mm)</th><th>单重(kg)</th><th>用途</th></tr>
<tr><td rowspan="5">辅助构件</td><td rowspan="5">其他用途辅助构件</td><td rowspan="2">立杆托撑</td><td>立杆托撑</td><td>LTC</td><td>200×150×5</td><td>2.39</td><td>支撑架顶部托梁座</td></tr>
<tr><td>立杆可调托撑</td><td>KTC-60</td><td>0-600</td><td>8.49</td><td>支撑架顶部可调托梁座</td></tr>
<tr><td rowspan="2">横托带</td><td>横托撑</td><td>HTC</td><td>400</td><td>3.13</td><td>支撑架横向支托撑</td></tr>
<tr><td>可调横托撑</td><td>KHC-20</td><td>400～700</td><td>6.23</td><td>支撑梁横向可调支托撑</td></tr>
<tr><td colspan="2">安全网支架</td><td>AWJ</td><td></td><td>18.69</td><td>悬挂安全网支承架</td></tr>
<tr><td colspan="2" rowspan="6">专用构件</td><td rowspan="3">专用构件支撑柱</td><td>支撑柱垫座</td><td>ZDZ</td><td>300×300</td><td>19.12</td><td>支撑柱底部垫座</td></tr>
<tr><td>支撑柱转角座</td><td>ZZZ</td><td>0°～10°</td><td>21.54</td><td>支撑柱斜向支承垫座</td></tr>
<tr><td>支撑柱可调座</td><td>ZKZ-30</td><td>0～300</td><td>40.53</td><td>支撑柱可调高度支座</td></tr>
<tr><td colspan="2">提升滑轮</td><td>THL</td><td></td><td>1.55</td><td>插入宽挑梁提升小件物料</td></tr>
<tr><td colspan="2">悬挑梁</td><td>TYL-40</td><td>ϕ48×3.5×1400</td><td>19.25</td><td>用于搭设悬挂脚手架</td></tr>
<tr><td colspan="2">爬升挑梁</td><td>PTL-90+65</td><td>ϕ48×3.5×1500</td><td>8.7</td><td>用于搭设爬升脚手架</td></tr>
</table>

（三）杆配件材料的质量要求

碗扣式钢管脚手架的杆件，均采用Q235A钢制作的ϕ48mm钢管，在立杆上每隔600mm安装一套碗扣接头，下碗扣焊在钢管上，上碗扣套在钢管上。横杆和斜杆两端的接头等均采用焊接工艺，因此对杆件及配件的质量要求应满足以下要求：

1）杆件的钢管应无裂缝、凹陷、锈蚀现象。

2）焊接质量要求焊缝饱满，没有咬肉、夹渣、裂纹等。

3）立杆最大弯曲变形小于1/500，横杆、斜杆的最大变形要求 1/250。

4）可调配件的螺纹部分应完好、无滑丝、无严重锈蚀，焊缝无脱开等。

5）脚手板、斜脚手板以及梯子等构件的挂钩及面板应无裂纹，无明显变形，焊接应牢固。

6）碗扣式钢管脚手架其他材料的质量要求同扣件式钢管脚手架。

（四）碗扣式钢管脚手架的组合类型与适用范围

碗扣式钢管脚手架可方便地搭设单、双排外脚手架，拼拆快速，特别适合于搭设曲面脚手架和高层脚手架。

双排碗扣式钢管脚手架，一般立杆横距（即脚手架廊道宽度）1.2m，步距 1.8m，立杆纵距根据建筑物结构、脚手架搭设高度及荷载等具体要求确定，可选用 0.9m、1.2m、1.5m、1.8m 和 2.4m 等多种尺寸。按施工作业要求与施工荷载的不同，可组合成轻型架、普通型架和重型架三种形式，它们的组架构造尺寸及适用范围见表 3-2。

碗扣式双排钢管脚手架组合型式 **表 3-2**

脚手架型式	立杆横距(m)×立杆纵距(m)×横杆步距(m)	适用范围
轻型架	1.2×2.4×1.8	装修、维护等作业
普通型架	1.2×1.5(或 1.8)×1.8	砌墙、模板工程等结构施工，最常用
重型架	1.2×0.9(或 1.2)×1.8	重载作业或高层外脚手架中的底部架

对于高层脚手架，为了提高其承载能力和搭设高度，可以采取上、下分段，每段立杆纵距不等的组架方式。见图

3-3。下段立杆纵距用 0.9m 或 1.2m，上段用 1.8m 或 2.4m。即每隔一根立杆取消一根，用 1.8m 或 2.4m 的横杆取代 0.9m 或 1.2m 横杆。

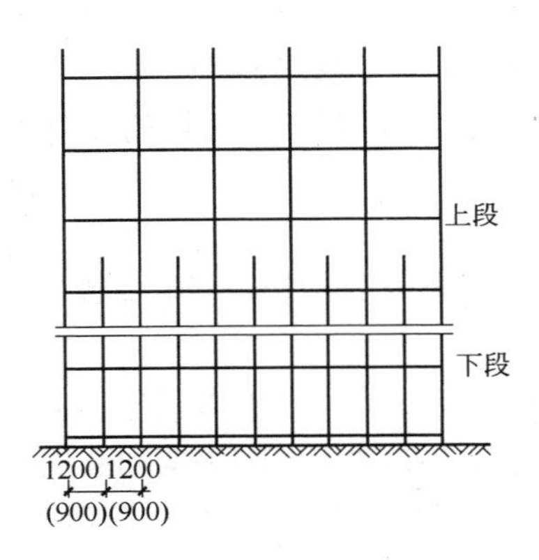

图 3-3　分段组架布置

单排碗扣式钢管脚手架单排横杆长度有 1.4m(DHG-140)和 1.8m(DHF180)两种，立杆与建筑物墙体之间的距离可根据施工具体要求在 0.7～1.5m 范围内调节。脚手架步距一般取 1.8m，立杆纵距则根据荷载选取。

单排碗扣式钢管脚手架按作业顶层荷载要求，可组合成Ⅰ、Ⅱ、Ⅲ三种形式，它们的组架构造尺寸及适用范围见表 3-3。

碗扣式单排钢管脚手架组合型式　　　　**表 3-3**

脚手架型式	立杆纵距(m)×横杆步距(m)	适用范围
Ⅰ型架	1.8×0.8	一般外装修、维护等作业
Ⅱ型架	1.2×1.2	一般施工
Ⅲ型架	0.9×1.2	重载施工

（五）碗扣式钢管脚手架的主要尺寸及一般规定

为确保施工安全，对落地碗扣式钢管脚手架的搭设尺寸作了一般规定与限制，见表 3-4。

碗扣式钢管管脚手架搭设一般规定　　　　表 3-4

序号	项目名称	规定内容
1	架设高度 H	$H \leqslant 20m$ 普通架子按常规搭设； $H > 20m$ 的脚手架必须作出专项施工设计并进行结构验算
2	荷载限制	砌筑脚手架≤2.7kN/m²；装修架子为 1.2～2.0 kN/m² 或按实际情况考虑
3	基础作法	基础应平整、夯实，并有排水措施。立杆应设有底座，并用 0.05m×0.2m×2m 的木脚手板通垫 $H > 40m$ 的架子应进行基础验算并确定铺垫措施
4	立杆纵距	一般为 1.2～1.5m。超过此值应进行验证
5	立杆横距	≤1.2m
6	步距高度	砌筑架子<1.2m；装修架子<1.8m
7	立杆垂直偏差	$H < 30m$ 时，<1/500 架高；$H < 30m$ 时，<1/1000 架高
8	小横杆间距	砌筑架子<1m；装修架子<1.5m
9	架高范围内垂直作业的要求	铺设板不超过 3～4 层，砌筑作业不超过 1 层，装修作业不超过 2 层
10	作业完毕后，横杆保留程度	靠立杆处的小横杆全部保留，其余可拆除
11	剪刀撑	沿脚手架转角处往里布置，每 4～6 根为一组，与地面夹角为 45°～60°

续表

序号	项目名称	规 定 内 容
12	与结构拉结	每层设置，垂直间距离<4.0m，水平间距离<4.0～6.0m
13	垂直斜拉杆	在转角处向两端布置1～2个廓间
14	护身栏杆	H=1m，并设h=0.25m的挡脚板
15	连接件	凡H>30m的高层架子，下部1/2H均用齿形碗扣

注：1. 脚手架的宽度l_0一般取1.2m；跨度l常用1.5m；架高H≤20m的装修脚手架，l亦可取1.8m；H>40m时，l宜取1.2m。

2. 搭设高度H与主杆纵横间距有关：当立杆纵向、横向间距为1.2m×1.2m时，架高H应控制在60m左右；1.5m×1.2m时，架高H不宜超过50m。

（六）碗扣式钢管脚手架组架构造与搭设

落地碗扣式钢管脚手架应从中间向两边搭设，或两层同时按同一方向进行搭设，不得采用两边向中间合拢的方法搭设。否则中间的杆件会因为误差而难以安装。

脚手架的搭设顺序为：

安放立杆底座或立杆可调底座→树立杆、安放扫地杆→安装底层(第一步)横杆→安装斜杆→接头销紧→铺放脚手板→安装上层立杆→紧立杆连接销→安装横杆→设置连墙件→设置人行梯→设置剪刀撑→挂设安全网。

操作时，一般由1～2人递送材料，另外2人配合组装。

1. 树立杆、安放扫地杆

根据脚手架施工方案处理好地基后，在立杆的设计位置放线，即可安放立杆垫座或可调底座，并树立杆。

为避免立杆接头处于同一水平面上，在平整的地基上脚手架底层的立杆应选用 3.0m 和 1.8m 两种不同长度的立杆互相交错、参差布置。以后在同一层中采用相同长度的同一规格的立杆接长。到架子顶部时再分别用 1.8m 和 3.0m 两种不同长度的立杆找齐。

在地势不平的地基上，或者是高层及重载脚手架应采用立杆可调底座，以便调整立杆的高度。当相邻立杆地基高差小于 0.60m，可直接用立杆可调座调整立杆高度，使立杆碗扣接头处于同一水平面内；当相邻立杆地基高差大于 0.6m 时，则先调整立杆节间(即对于高差超过 0.6m 的地基，立杆相应增长一个长 0.6m 的节间)，使同一层碗扣接头高差小于 0.6m，再用立杆可调座调整高度，使其处于同一水平面内（图 3-4）。

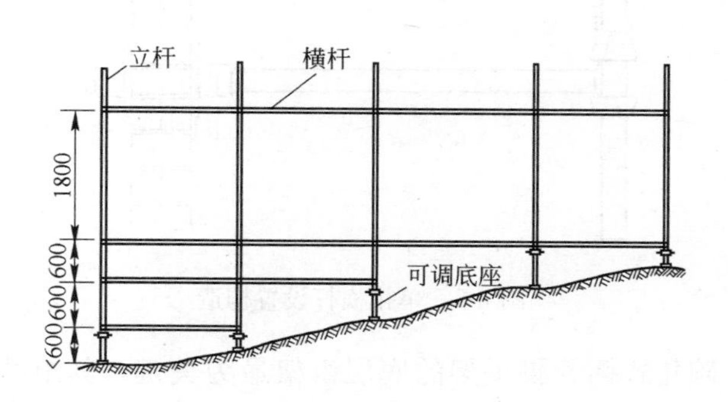

图 3-4　地基不平时立杆及其底座的设置

在树立杆时应及时设置扫地杆，将所树立杆连成一整体，以保证立杆的整体稳定性。立杆同横杆的连接是靠碗扣接头锁定，连接时，先将立杆上碗扣滑至限位销以上并旋转，使其搁在限位销上，将横杆接头插入立杆下碗扣，待应装横杆接头全部装好后，落下上碗扣并予以顺时针旋转锁紧。

2. 安装底层(第一步)横杆

碗扣式钢管脚手架的步距为 600mm 的倍数，一般采用 1.8m，只有在荷载较大或较小的情况下，才采用 1.2m 或 2.4m。

横杆与立杆的连接安装方法同上。

单排碗扣式脚手架的单排横杆一端焊有横杆接头，可用碗扣接头与脚手架连接固定，另一端带有活动夹板，将横杆与建筑结构整体夹紧。其构造见图 3-5。

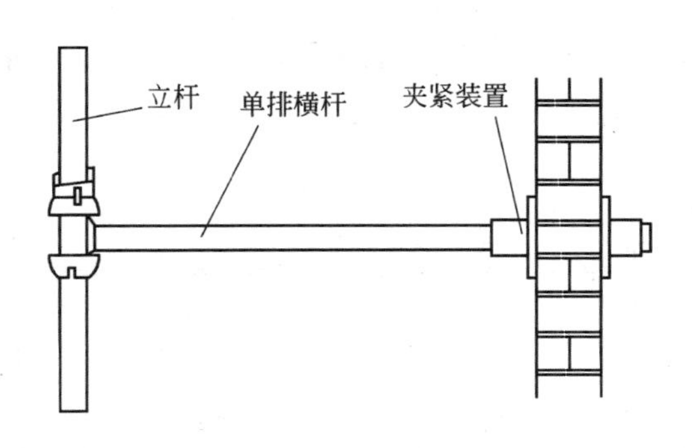

图 3-5　单排横杆设置构造

碗扣式钢管脚手架的底层组架最为关键，其组装的质量直接影响到整架的质量，因此，要严格控制搭设质量。当组装完两层横杆(即安装完第一步横杆)后，应进行下列检查：

(1) 检查并调整水平框架(同一水平面上的四根横杆)的直角度和纵向直线度(对曲线布置的脚手架应保证立杆的正

确位置)。

(2) 检查横杆的水平度，并通过调整立杆可调座使横杆间的水平偏差小于1/400L。

(3) 逐个检查立杆底脚，并确保所有立杆不能有浮地松动现象。

(4) 当底层架子符合搭设要求后，检查所有碗扣接头，并予以锁紧。

在搭设过程中，应随时注意检查上述内容，并调整。

3. 安装斜杆和剪刀撑

斜杆可增强脚手架结构的整体刚度，提高其稳定承载能力。一般采用碗扣式钢管脚手架配套的系列斜杆，也可以用钢管和扣件代替。

当采用碗扣式系列斜杆时，斜杆同立杆连接的节点可装成节点斜杆(即斜杆接头同横杆接头装在同一碗扣接头内)或非节点斜杆(即斜杆接头同横杆接头不装在同一碗扣接头内)。一般斜杆应尽可能设置在框架结点上。若斜杆不能设置在节点上时，应呈错节布置，装成非节点斜杆，如图3-6所示。

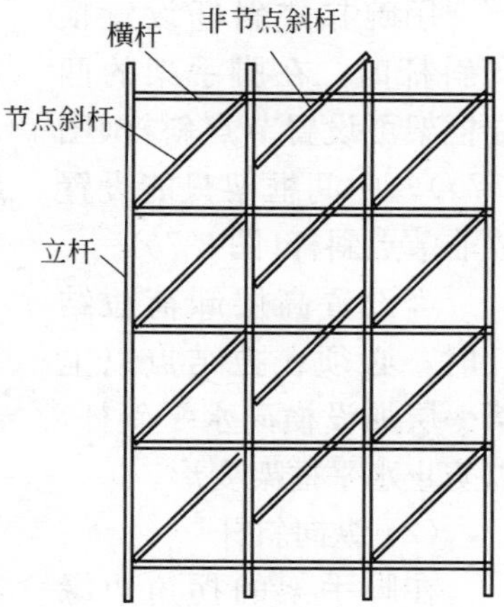

图3-6 斜杆布置构造图

利用钢管和扣件安装斜杆时，斜杆的设置更加灵活，可不受碗扣接头内允许装设杆件数量的限制。特别是设置大剪刀撑，包括安装竖向剪刀撑、纵向水平剪刀撑时，还能使脚手架的受力性能得到改善。

(1) 横向斜杆(廓道斜杆)

在脚手架横向框架内设置的斜杆称为横向斜杆(廓道斜杆)。由于横向框架失稳是脚手架的主要破坏形式，因此，设置横向斜杆对于提高脚手架的稳定强度尤为重要。

对于一字形及开口形脚手架，应在两端横向框架内沿全高连续设置节点斜杆；高度 30m 以下的脚手架，中间可不设横向斜杆；30m 以上的脚手架，中间应每隔 5～6 跨设一道沿全高连续设置的横向斜杆；高层建筑脚手架和重载脚手架，除按上述构造要求设置横向斜杆外，荷载≥25kN 的横向平面框架应增设横向斜杆。

用碗扣式斜杆设置横向斜杆时，在脚手架的两端框架可设置节点斜杆(图 3-7*a*)，中间框架只能设置成非节点斜杆(图 3-7*b*)。

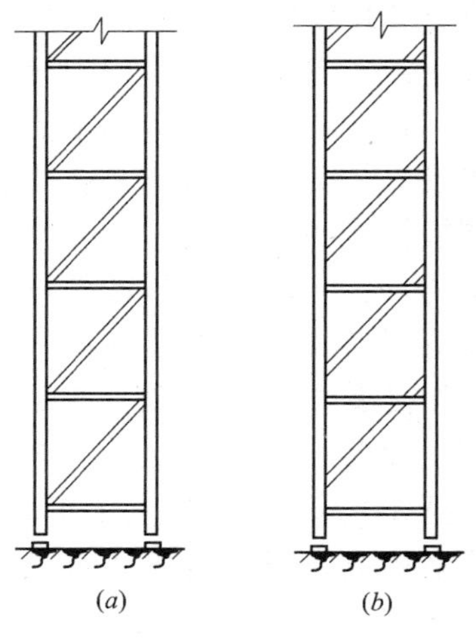

图 3-7　横向斜杆的设置

当设置高层卸荷拉结杆时，必须在拉结点以上第一层加设横向水平斜杆，以防止水平框架变形。

(2) 纵向斜杆

在脚手架的拐角边缘及端部，必须设置纵向斜杆，中间部分则可均匀地间隔分布，纵向斜杆必须两侧对称布置。

脚手架中设置纵向斜杆的面积与整个架子面积的比值要求见下表：

纵向斜杆布置数量　　表 3-5

架高	<30m	30~50m	>50m
设置要求	>1/4	>1/3	>1/2

(3) 竖向剪刀撑

竖向剪刀撑的设置应与纵向斜杆的设置相配合。

高度在 30m 以下的脚手架，可每隔 4～6 跨设一道沿全高连续设置的剪刀撑，每道剪刀撑跨越 5～7 根立杆，设剪刀撑的跨内可不再设碗扣式斜杆。

30m 以上的高层建筑脚手架，应沿脚手架外侧及全高方向连续布置剪刀撑，在两道剪刀撑之间设碗扣式纵向斜杆，其设置构造如图 3-8 所示。

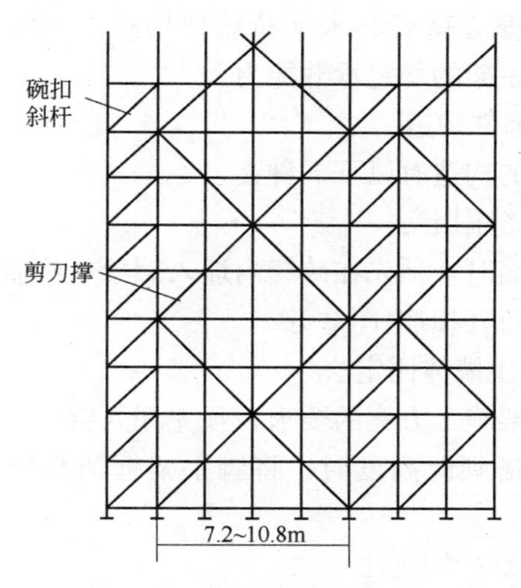

图 3-8　竖向剪刀撑设置构造

(4) 纵向水平剪刀撑

纵向水平剪刀撑可增强水平框架的整体性和均匀传递连

墙撑的作用。30m以上的高层建筑脚手架应每隔3～5步架设置一层连续、闭合的纵向水平剪刀撑，如图3-9所示。

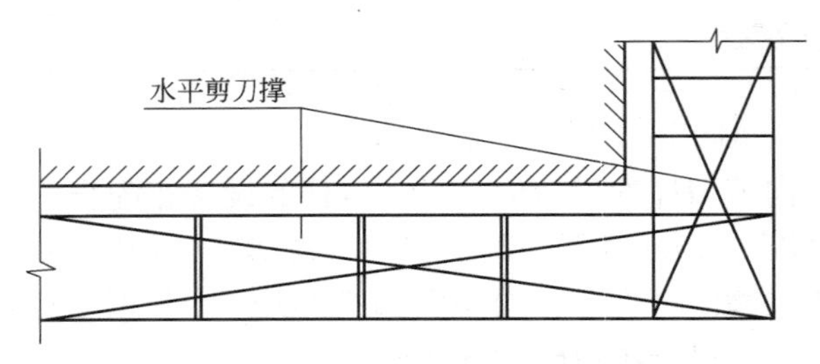

图3-9 纵向水平剪刀撑布置

4. 设置连墙件(连墙撑)

连墙撑是脚手架与建筑物之间的连接件，除防止脚手架倾倒，承受偏心荷载和水平荷载作用外，还可加强稳定约束、提高脚手架的稳定承载能力。

(1) 连墙件构造

连墙件的构造有以下3种：

1) 砖墙缝固定法

砌筑砖墙时，预先在砖缝内埋入螺栓，然后将脚手架框架用连结杆与其相连(图3-10*a*)。

2) 混凝土墙体固定法

按脚手架施工方案的要求，预先埋入钢件，外带接头螺栓，脚手架搭到此高度时，将脚手架框架与接头螺栓固定(图3-10*b*)。

3) 膨胀螺栓固定法

在结构物上，按设计位置用射枪射入膨胀螺栓，然后将框架与膨胀螺栓固定(图3-10*c*)。

(2) 连墙件设置要求

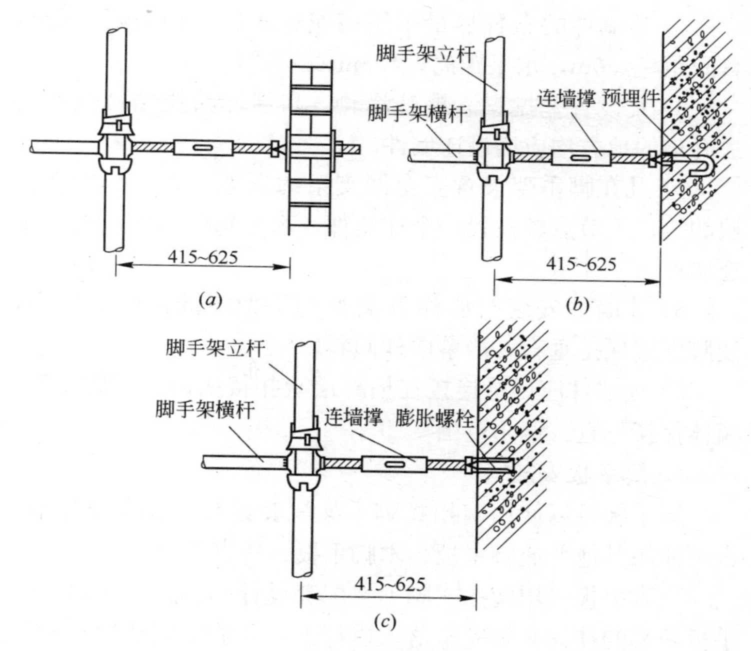

图 3-10　连墙件构造

(a)砖墙缝固定法；(b)混凝土墙体固定法；(c)膨胀螺栓固定法

1）连墙件必须随脚手架的升高，在规定的位置上及时设置，不得在脚手架搭设完后补安装，也不得任意拆除。

2）一般情况下，对于高度在 30m 以下的脚手架，连墙件可按四跨三步设置一个(约 $40m^2$)。对于高层及重载脚手架，则要适当加密，50m 以下的脚手架至少应三跨三步布置一个(约 $25m^2$)；50m 以上的脚手架至少应三跨二步布置一个(约 $20m^2$)。

3）单排脚手架要求在二跨三步范围内设置一个。

4）在建筑物的每一楼层都必须设置连墙件。

5）连墙件的布置尽量采用梅花形布置，相邻两点的垂直间距≤4.0m，水平距离≤4.5m。

6）凡设置宽挑梁、提升滑轮、高层卸荷拉结杆及物料提升架的地方均应增设连墙件。

7）凡在脚手架设置安全网支架的框架层处，必须在该层的上、下节点各设置一个连墙件，水平每隔两跨设置一个连墙件。

8）连墙件安装时要注意调整脚手架与墙体间的距离，使脚手架保持垂直，严禁向外倾斜。

9）连墙件应尽量连接在横杆层碗扣接头内，同脚手架、墙体保持垂直。偏角范围≤15°。

5. 脚手板安放

脚手板可以使用碗扣式脚手架配套设计的钢制脚手板，也可使用其他普通脚手板、木脚手板、竹脚手板等。

当脚手板采用碗扣式脚手架配套设计的钢脚手板时，脚手板两端的挂钩必须完全落入横杆上，才能牢固地挂在横杆上，不允许浮动。

当脚手板使用普通的钢、木、竹脚手板时，横杆应配合间横杆一块使用，即在未处于构架横杆上的脚手板端设间横杆作支撑，脚手板的两端必须嵌入边角内，以减少前后窜动。

除在作业层及其下面一层要满铺脚手板外，还必须沿高度每10m设置一层，以防止高空坠物伤人和砸碰脚手架框架。当架设梯子时，在每一层架梯拐角处铺设脚手板作为休息平台。

6. 接立杆

立杆的接长是靠焊于立杆顶部的连接管承插而成。立杆插好后，使上部立杆底端连接孔同下部立杆顶部连接孔对齐，插入立杆连接销锁定即可。

安装横杆、斜杆和剪刀撑，重复以上操作，并随时检查、调整脚手架的垂直度。

脚手架的垂直度一般通过调整底部的可调底座、垫薄钢片、调整连墙件的长度等来达到。

7. 斜道板和人行架梯安装

（1）斜道板安装

作为行人或小车推行的栈道，一般规定在 1.8m 跨距的脚手架上使用，坡度为 1∶3，在斜道板框架两侧设置横杆和斜杆作为扶手和护栏，而在斜脚手板的挂钩点（图中 A、B、C 处）必须增设横杆。其布置如图 3-11 所示。

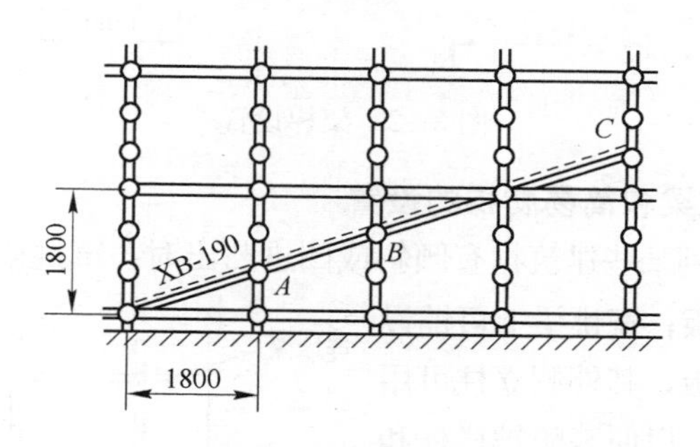

图 3-11　斜道板安装

（2）人行架梯安装

人行架梯设在 1.8m×1.8m 的框架内，上面有挂钩，可以直接挂在横杆上。

架梯宽为 540mm，一般在 1.2m 宽的脚手架内布置两个成折线形架设上升，在脚手架靠梯子一侧安装斜杆和横杆作为扶手。人行架梯转角处的水平框架上应铺脚手板作为平台，立面框架上安装横杆作为扶手，如图 3-12。

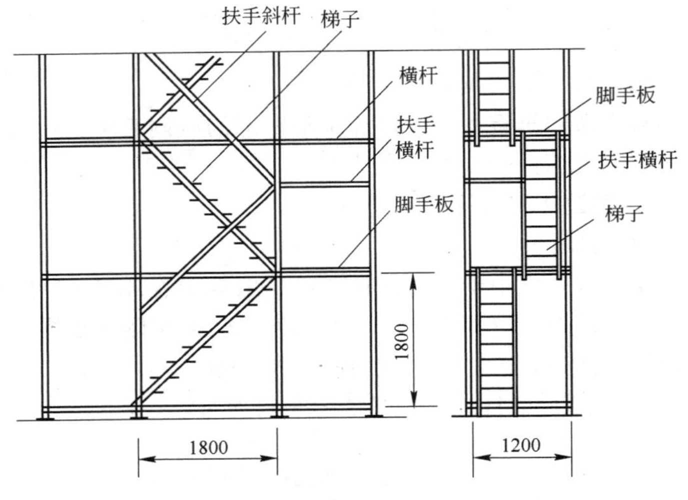

图 3-12　架梯设置

8. 挑梁和简易爬梯的设置

当遇到某些建筑物有倾斜或凹进凸出时，窄挑梁上可铺设一块脚手板；宽挑梁上可铺设两块脚手板，其外侧立柱可用立杆接长，以便装防护栏杆和安全网。挑梁一般只作为作业人员的工作平台，不允许堆放重物。在设置挑梁的上、下两层框架的横杆层上要加设连墙撑，见图 3-13。

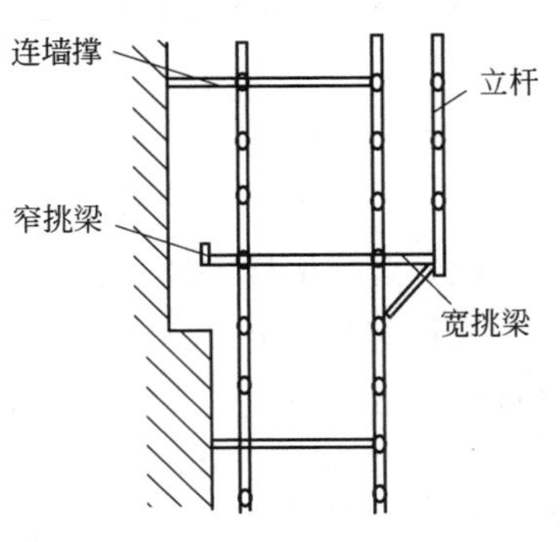

图 3-13　挑梁设置构造

把窄挑梁连续设置在同一立杆内侧每个碗扣接头

内，可组成简易爬梯，爬梯步距为0.6m，设置时在立杆左右两跨内要增设防护栏杆和安全网等安全防护设施，以确保人员上下安全。

9. 提升滑轮设置

随着建筑物的逐渐升高，不方便运料时，可采用物料提升滑轮来提升小物料及脚手架物件，其提升重量应不超过100kg。提升滑轮要与宽挑梁配套使用。使用时，将滑轮插入宽挑梁垂直杆下端的固定孔中，并用销钉锁定即可。其构造如图3-14所示。在设置提升滑轮的相应层加设连墙撑。

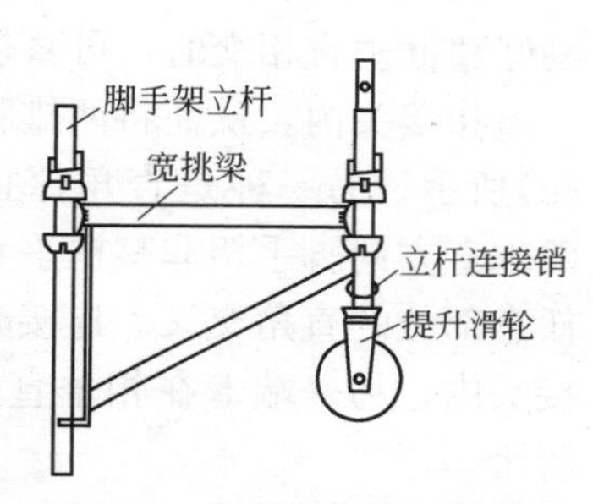

图3-14 提升滑轮布置构造

10. 安全网、扶手防护设置

一般沿脚手架外侧要满挂封闭式安全网(立网)，并应与脚手架立杆、横杆绑扎牢固，绑扎间距应不大于0.3m。根据规定在脚手架底部和层间设置水平安全网。碗扣式脚手架配备有安全网支架，可直接用碗扣接头固定在脚手架上，安装极方便。其结构布置如图3-15所示。扶手设置参考扣件式脚手架。

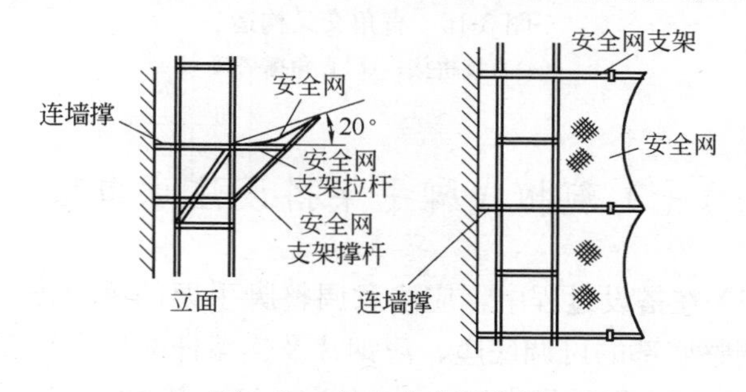

图3-15 挑出安全网布置

11. 直角交叉

对一般方形建筑物的外脚手架在拐角处两直角交叉的排架要连在一起，以增强脚手架的整体稳定性。

连接形式有两种：一种是直接拼接法，即当两排脚手架刚好整框垂直相交时，可直接将两垂直方向的横杆连接在同一碗扣接头内，从而将两排脚手架连在一起，构造如图 3-16(*a*)所示；另一种是直角撑搭接法，当受建筑物尺寸限制，两垂直方向脚手架非整框垂直相交时，可用直角撑 ZJC 实现任意部位的直角交叉。连接时将一端同脚手架横杆装在同一接头内，另一端卡在相垂直的脚手架横杆上，如图 3-16(*b*)所示。

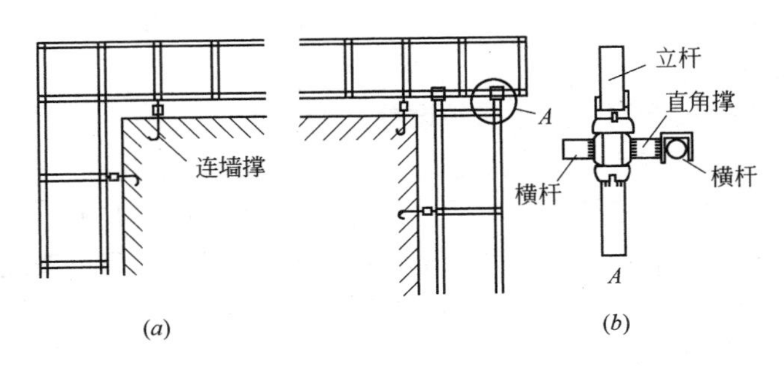

图 3-16　直角交叉构造

(*a*)直接拼接；(*b*)直角撑搭接

(七) 碗扣式脚手架搭设注意事项

(1) 在搭设过程中，应注意调整脚手架的垂直度。一般通过调整底部的可调底座、薄钢片及连墙杆的长度来实现。

(2) 脚手架的搭设以 3～4 人为一组，其中 1～2 人递料，另 2 人各负责一端，共同配合组装。

（3）连墙杆应随脚手架的搭设而随时按规定设置，不得随意拆除，并尽量与脚手架和建筑物外表相垂直。

（4）支撑架的横撑必须对称设置。

（5）斜杆不得随意拆除。如需要临时拆除，须严格控制拆除数量，待操作完后，要及时重新安装好。高层脚手架的下部斜撑不能拆除。

（6）脚手架应随建筑物升高而随时设置，一般不超出建筑物两步架高。

（7）单排横杆插入墙体后，应将夹板用榔头击紧，不得浮动。

四、落地门式钢管外脚手架

门式钢管脚手架也称门型脚手架，属于框组式钢管脚手架的一种，是在20世纪80年代初由国外引进的一种多功能脚手架，是国际上应用最为普遍的脚手架之一，已形成系列产品，结构合理、承载力高，品种齐全，各种配件多达70多种。可用来搭设各种用途的施工作业架子，如外脚手架、里脚手架、活动工作台、满堂脚手架、梁板模板的支撑和其他承重支撑架、临时看台和观礼台、临时仓库和工棚以及其他用途的作业架子。

门式钢管脚手架的搭设高度，当两层同时作业的施工总荷载不超过3kN/m^2时，可以搭设60m高；当为3～5kN/m^2时，则限制在45m以下。

（一）基本结构和主要杆配件

门式钢管脚手架是由门式框架（门架）、交叉支撑（十字拉杆）、连接棒、挂扣式脚手板或水平架（平行架、平架）、锁臂等组成基本结构（见图4-1）。再设置水平加固杆、剪刀撑、扫地杆、封口杆、托座与底座，并采用连墙件与建筑物主体结构相连的一种标准化钢管脚手架，如图4-2所示。

门架之间的连接，在垂直方向使用连接棒和锁臂接高，在脚手架纵向使用交叉支撑连接门架立杆，在架顶水平面使

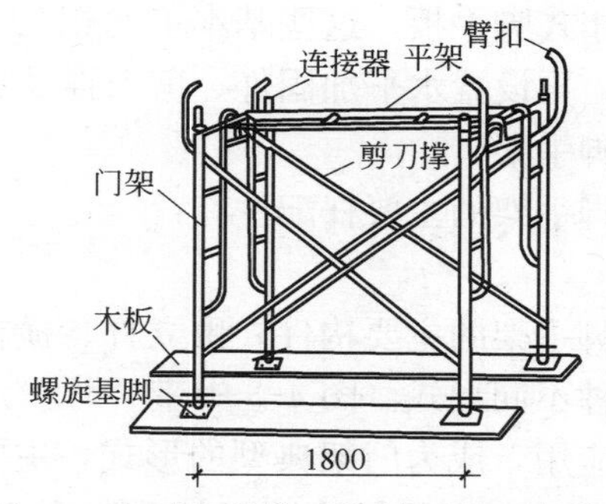

图 4-1　门式钢管脚手架的基本组合单元

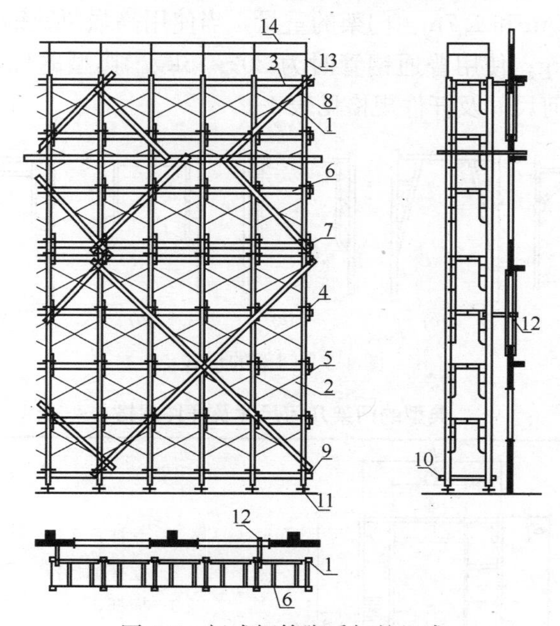

图 4-2　门式钢管脚手架的组成

1—门架；2—交叉支撑；3—脚手板；4—连接棒；5—锁臂；6—水平架；7—水平加固杆；8—剪刀撑；9—扫地杆；10—封口杆；11—底座；12—连墙件；13—栏杆；14—扶手

用水平架或挂扣式脚手板。这些基本单元相互连接，逐层叠高，左右伸展，再设置水平加固件、剪刀撑及连墙件等，便构成整体门式脚手架。

门式钢管脚手架的主要杆配件有：

1. 门架

门式钢管脚手架的主要构件，由立杆、横杆及加强杆焊接组成，有多种不同形式。图 4-3 中带“耳”形加强杆的形式已得到广泛应用，成为门架典型的形式，主要用于构成脚手架的基本单元。典型的标准型门架的宽度为 1.219m，高度有 1.9m 和 1.7m。门架的重量，当使用高强薄壁钢管时为 13～16kg；使用普通钢管时为 20～25kg。典型的标准型门架的几何尺寸及杆件规格见表 4-1。

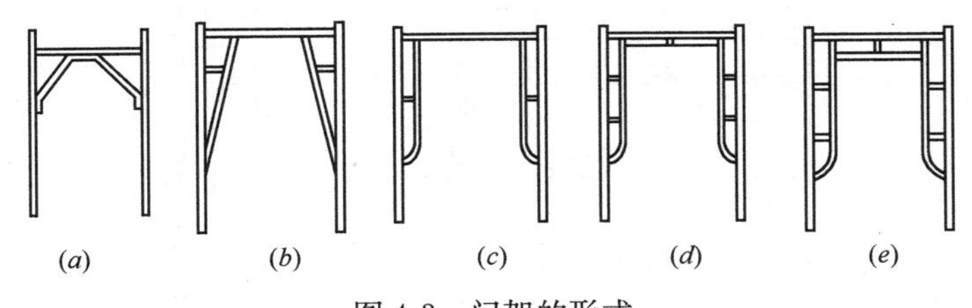

图 4-3　门架的形式

典型的门架几何尺寸及杆件规格　　表 4-1

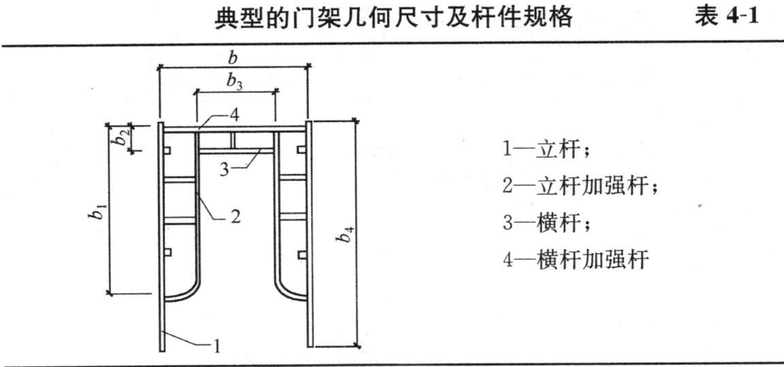

续表

门架代号		MF1219	
门架几何尺寸(mm)	b_2	80	100
	b_0	1930	1900
	b	1219	1200
	b_1	750	800
	h_1	1536	1550
杆件外径壁厚(mm)	1	ϕ42.0×2.5	ϕ48.0×8.5
	2	ϕ26.8×2.5	ϕ26.8×2.5
	3	ϕ42.0×2.5	ϕ48.0×3.5
	4	ϕ26.8×2.5	ϕ26.8×2.5

简易门架的宽度较窄，用于窄脚手板。窄形门架的宽度只有 0.6m 或 0.8m，高度为 1.7m，图 4-4(*b*)，主要用于装修、抹灰等轻作业。

调节门架主要用于调节门架竖向高度，以适应作业层高度变化时的需要。调节门架的宽度和门架相同，高度有 1.5m、1.2m、0.9m、0.6m、0.4m 等几种，它们的形式如图 4-4(*c*)所示。

连接门架是连接上、下宽度不同门架之间的过渡门架。上窄下宽或上宽下窄，并带有斜支杆的悬臂支撑部分(图 4-4*d*)。可以上部宽度与窄形门架相同，下部与标准门架相同；也可以相反，如图 4-5 所示。

扶梯门架可兼做施工人员上下的扶梯。如图 4-4(*e*)所示。

2. 门架配件

门式钢管脚手架的其他构件，包括交叉支撑、水平架、挂扣式脚手板、连接棒、锁臂、底座和托座等。

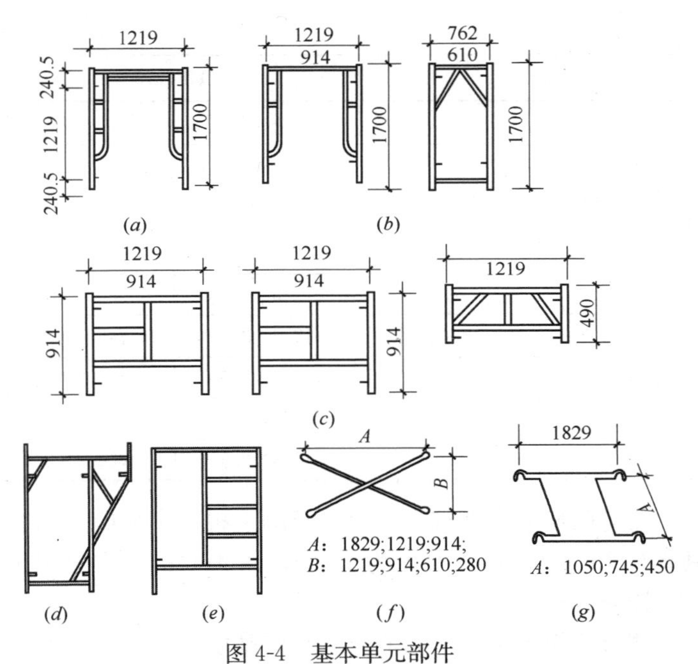

图 4-4 基本单元部件

(*a*)标准门架；(*b*)简易门架；(*c*)调节门架；(*d*)连接门架；

(*e*)扶梯门架；(*f*)交叉支撑；(*g*)水平架

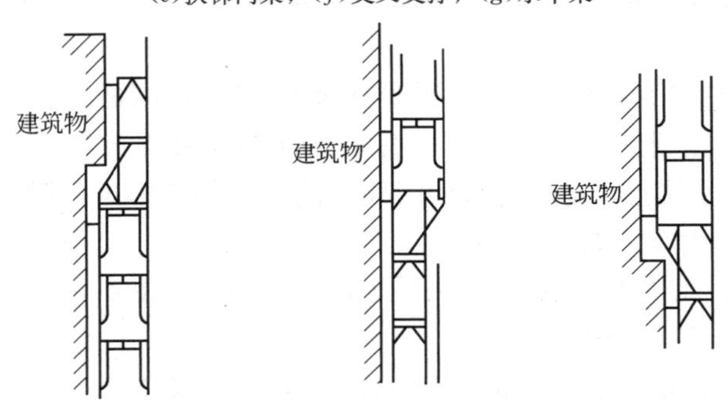

图 4-5 门架的连接过渡

(1) 交叉支撑和水平架

交叉支撑和水平架的规格根据门架的间距来选择，一般多采用1.8m。

交叉支撑是每两榀门架纵向连接的交叉拉杆。如图4-4(*f*)所示，两根交叉杆件可绕中间连接螺栓转动，杆的两端有销孔。

水平架是在脚手架非作业层上代替脚手板而挂扣在门架横杆上的水平构件。由横杆、短杆和搭钩焊接而成，可与门架横杆自锚连接。构造如图4-4(*g*)所示。

(2) 底座和托座

1) 底座

底部门架立杆下端插放其中，传力给基础，扩大了立杆的底脚。底座有三种，见图4-6。

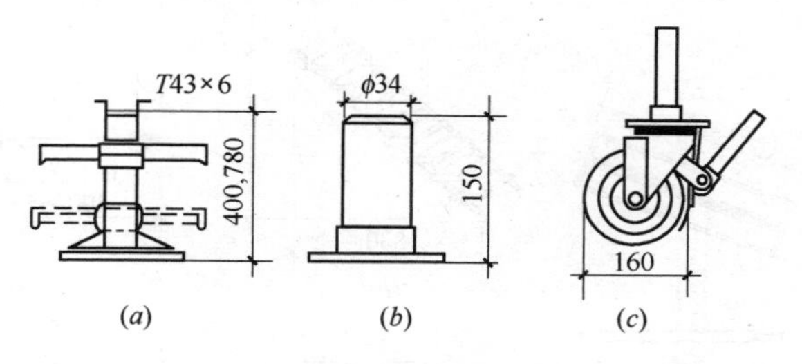

图4-6 底座

(*a*)可调底座；(*b*)简易底座；(*c*)带脚轮底座

可调底座由螺杆、调节扳手和底板组成。固定底座，并且可以调节脚手架立杆的高度和脚手架整体的水平度、垂直度。可调高200～550mm，主要用于支模架以适应不同支模高度的需要，脱模时可方便地将架子降下来。用于外脚手架时，能适应不平的地面，可用其将各门架顶部调节到同一水平面上，图4-6(*a*)。

简易底座由底板和套管两部分焊接而成，只起支承作用，无调高功能，使用它时要求地面平整，见图 4-6(*b*)。

带脚轮底座多用于操作平台，以满足移动的需要，见4-6(*c*)。

2) 托座

托座有平板和 U 形两种，置于门架竖杆的上端，多带有丝杠以调节高度，主要用于支模架。见图 4-7。

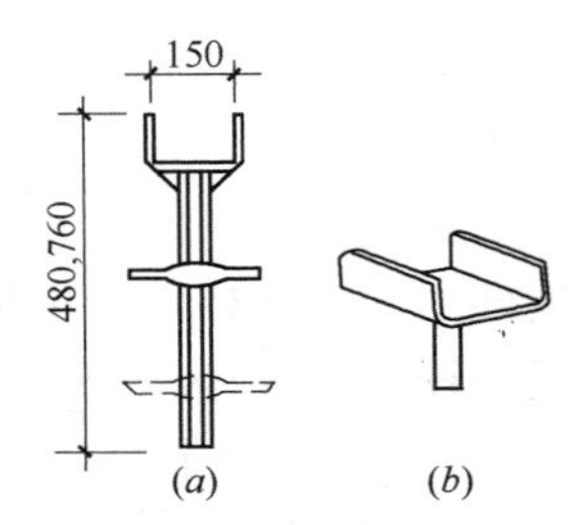

图 4-7 托座

(*a*)可调 U 形顶托；(*b*)简易 U 形顶托

(3) 其他部件

其他部件有脚手板、梯子、扣墙器、栏杆、连接棒、锁臂和脚手板托架等，见图 4-8。

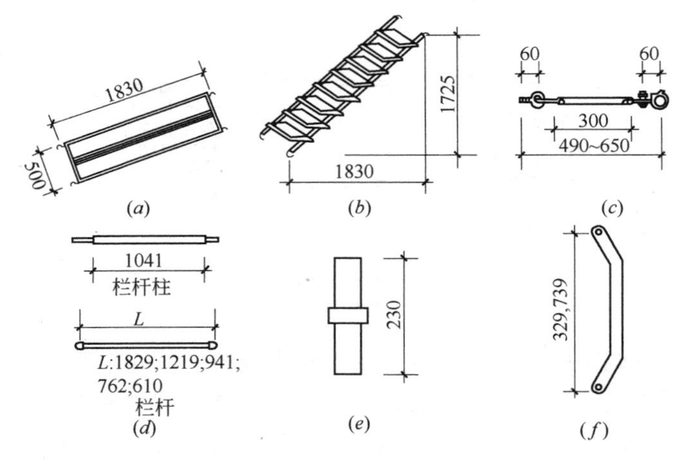

图 4-8 其他部件

(*a*)钢脚手板；(*b*)梯子；(*c*)扣墙管；(*d*)栏杆和栏杆柱；

(*e*)连接棒；(*f*)锁臂

挂扣式脚手板一般为钢脚手板，其两端带有挂扣，搁置在门架的横梁上并扣紧。在这种脚手架中，脚手板还是加强脚手架水平刚度的主要构件，脚手架应每隔3～5层设置一层脚手板。

梯子为设有踏步的斜梯，分别扣挂在上下两层门架的横梁上。

扣墙器和扣墙管都是确保脚手架整体稳定的拉结件。扣墙器为花篮螺栓构造，一端带有扣件与门架竖管扣紧，另一端有螺杆锚入墙中，旋紧花篮螺栓，即可把扣墙器拉紧。扣墙管为管式构造，一端的扣环与门架拉紧，另一端为埋墙螺栓或夹墙螺栓，锚入或夹紧墙壁。

托架分定长臂和伸缩臂两种形式，可伸出宽度0.5～1.0m，以适应脚手架距墙面较远时的需要。

小桁架(栈桥梁)用来构成通道。

连接扣件也分三种类型：回转扣、直角扣和筒扣，每一种类型又有不同规格，以适应相同管径或不同管径杆件之间的连接。

（二）脚手架杆配件的质量和性能要求

门架及其配件的规格、性能和质量应符合现行行业标准《门式钢管脚手架》(JG 13—1999)的规定。新购门架及配件应有出厂合格证明书与产品标志。周转使用的门架及其配件应按表4-2的规定进行类别判定、维修和使用。

1. 门架及配件的外观焊接质量及表面涂层的要求

门架及配件的外观焊接质量及表面涂层质量应符合表4-2所列要求。

门架及配件的外观焊接质量及表面涂层的要求　　表 4-2

项目	内容	要　求
外观要求	门架钢管	表面应无裂纹、凹陷、锈蚀，不得用接长钢管
	水平架、脚手板、钢梯的搭钩	应焊接或铆接牢固
	各杆件端头压扁部分	不得出现裂纹
	销钉孔、铆钉孔	应采用钻孔，不得使用冲孔
	脚手板、钢梯踏步板	应有防滑功能
尺寸要求	门架及配件尺寸	必须按设计要求确定
	锁销直径	不应小于 13mm
	交叉支撑销孔孔径	不得大于 16mm
	连接棒、可调底座的螺杆及固定底座的插杆	插入门架立杆中的长度不得小于 95mm
	挂扣式脚手板、钢梯踏步板	厚度不小于 1.2mm，搭钩厚度不应小于 7mm
焊接要求	门架各杆件焊接	应采用手工电弧焊，若能保证焊接强度不降低，也可采用其他焊接方法
	门架立杆与横杆的焊接螺杆、插管与底板的焊接	必须采用周围焊接
	焊缝高度	不得小于 2mm
	焊缝表面	应平整光滑，不得有漏焊、焊穿、裂缝和夹渣
	焊缝内气孔	气孔直径不应大于 1.0mm，每条焊缝内的气孔数量不得超过 2 个
	焊缝立体金属咬肉	咬肉深度不得超过 0.5mm，长度总和不应超过焊缝长度的 10%
表面涂层要求	门架	宜采用镀锌处理
	连接棒、锁臂、可调底座、脚手板、水平架和钢梯的搭钩	应采用表面镀锌处理，镀锌表面应光滑，连接处不得有毛刺、滴瘤和多余结块
	门架及其他未镀锌配件	不镀锌表面应刷涂、喷涂或浸涂防锈漆两道，面漆一道，也可采用磷化烤漆。油漆表面应均匀，无漏涂、流淌、脱皮、纹等缺陷

2. 连接钢管及扣件的质量要求

水平加固杆、封口杆、扫地杆、剪刀撑及脚手架转角处的连接杆等宜采用 $\phi42 \times 2.5$mm 焊接钢管，也可采用 $\phi48 \times 3.5$mm 焊接钢管。其材质在保证可焊性的条件下应符合现行国家标准《碳素结构钢》中 Q235A 钢的规定，相应的扣件规格也应分别为 $\phi42$mm、$\phi48$mm 或 $\phi42$mm/$\phi48$mm。

钢管应平直，平直度允许偏差为管长的 1/500；两端面应平整，不得有斜口、毛口；严禁使用有硬伤(硬弯、砸扁等)及严重锈蚀的钢管。

扣件的性能质量应符合现行国家标准《钢管脚手架扣件》(GB 15831—1995)中有关规定。

（三）落地门式钢管外脚手架搭设

门式钢管脚手架搭设形式通常有两种：一种是每三列门架用两道剪刀撑相连，其间每隔 3～4 榀门架高设一道水平撑；另一种是在每隔一列门架用一道剪刀撑和水平撑相连。

门式钢管脚手架的搭设应自一端延伸向另一端，由下而上按步架设，并逐层改变搭设方向，以减少架设误差。不得自两端同时向中间进行或相同搭设，以避免接合部位错位，难于连接。

脚手架的搭设速度应与建筑结构施工进度相配合，一次搭设高度不应超过最上层连墙杆三步，或自由高度不大于 6m，以保证脚手架的稳定。

一般门式钢管脚手架的搭设顺序为：

铺设垫木(板)→拉线、安放底座→自一端起立门架并随即装交叉支撑(底步架还需安装扫地杆、封口杆)→安装水平架(或脚手板)→安装钢梯→(需要时，安装水平加固杆)→装设连墙杆→重复上述步骤逐层向上安装→按规定位置安装剪刀撑→安装顶部栏杆→挂立杆安全网。

1. 铺设垫木(板)、安放底座

脚手架的基底必须平整坚实，并铺底座、作好排水，确保地基有足够的承载能力，在脚手架荷载作用下不发生塌陷和显著的不均匀沉降。回填土地面必须分层回填，逐层夯实。

门架立杆下垫木的铺设方式：

当垫木长度为 1.6～2.0m 时，垫木宜垂直于墙面方向横铺。

当垫木长度为 4.0m 时，垫木宜平行于墙面方向顺铺。

2. 立门架、安装交叉支撑、安装水平架或脚手板

在脚手架的一端将第一榀和第二榀门架立在 4 个底座上后，纵向立即用交叉支撑连接两榀门架的立杆，门架的内外两侧安装交叉支撑，在顶部水平面上安装水平架或挂扣式脚手板，搭成门式钢管脚手架的一个基本结构，见前图 4-1 所示。以后每安装一榀门架，及时安装交叉支撑、水平架或脚手板，依次按此步骤沿纵向逐榀安装搭设。在搭设第二层门架时，人就可以站在第一层脚手板上操作，直至最后完成。

搭设要求：

(1) 门架

不同规格的门架不得混用；同一脚手架工程，不配套的门架与配件也不得混合使用。

门架立杆离墙面的净距不宜大于 150mm，大于 150mm 时，应采取内挑架板或其他防护的安全措施。不用三角架时，门架的里立杆边缘距墙面约 50～60mm，见图 4-9(*a*)；

用三角架时，门架里立杆距墙面 550～600mm，见图 4-9(*b*)。

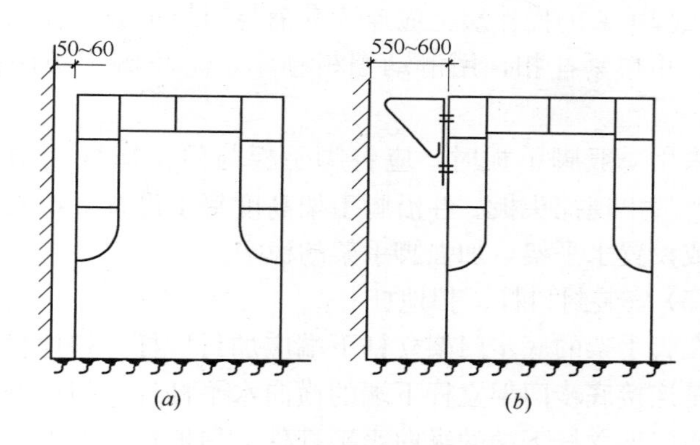

图 4-9　门架里立杆的离墙距离

底步门架的立杆下端应设置固定底座或可调底座。

（2）交叉支撑

门架的内外两侧均应设置交叉支撑，其尺寸应与门架间距相匹配，并应与门架立杆上的锁销销牢。

（3）水平架

在脚手架的顶层门架上部、连墙件设置层、防护棚设置层必须连续设置水平架。

脚手架高度 $H<45$m 时，水平架至少两步一设；$H>45$m 时，水平架应每步一设。不论脚手架高度，在脚手架的转角处，端部及间断处的一个跨距范围内，水平架均应每步一设。

水平架可由挂扣式脚手板或门架两侧的水平加固杆代替。

（4）脚手板

第一层门架顶面应铺设一定数量的脚手板，以便在搭设第二层门架时，施工人员可站在脚手板上操作。

在脚手架的操作层上应连续满铺与门架配套的挂扣式脚手板，并扣紧挂扣，用滑动挡板锁牢，防止脚手板脱落或松动。

采用一般脚手板时，应将脚手板与门架横杆用钢丝绑牢，严禁出现探头板。并沿脚手架高度每步设置一道水平加固杆或设置水平架，加强脚手架的稳定。

(5) 安装封口杆、扫地杆

在脚手架的底步门架立杆下端应加封口杆、扫地杆。封口杆是连接底步门架立杆下端的横向水平杆件，扫地杆是连接底步门架立杆下端的纵向水平杆件。扫地杆应安装在封口杆下方。

(6) 脚手架垂直度和水平度的调整

脚手架的垂直度(表现为门架竖管轴线的偏移)和水平度(架平面方向和水平方向)对于确保脚手架的承载性能至关重要(特别是对于高层脚手架)。门式脚手架搭设的垂直度和水平度允许偏差见表 4-3。

门式钢管脚手架搭设的垂直度和水平度允许偏差　　表 4-3

项　　目		允许偏差(mm)
垂直度	每步架	$h/1000$ 及 ± 2.0
	脚手架整体	$H/600 \pm 50$
水平度	一跨距内水平架两端高差	$\pm l/600$ 及 ± 3.0
	脚手架整体	$\pm H/600$ 及 ± 50

注：h—步距；H—脚手架高度；l—跨距；L—脚手架长度。

其注意事项为：

严格控制首层门型架的垂直度和水平度。在装上以后要逐片地、仔细地调整好，使门架立杆在两个方向的垂直偏差都控制在 2mm 以内，门架顶部的水平偏差控制在 3mm 以内。随后在门架的顶部和底部用大横杆和扫地杆加以固定。搭完一步架后应按规范要求检查并调整其水平度与垂直度。接门架时上下门架立杆之间要对齐，对中的偏差不宜大于 3mm。同时注意调整门架的垂直度和水平度。另外，应及时装设连墙杆，以避免架子发生横向偏斜。

（7）转角处门架的连接

脚手架在转角之处必须作好连接和与墙拉结，以确保脚手架的整体性，处理方法为：在建筑物转角处的脚手架内、外两侧按步设置水平连接杆，将转角处的两门架连成一体（图 4-10）。水平连接杆必须步步设置，以使脚手架在建筑物周围形成连续闭合结构。或者利用回转扣直接把两片门架的竖管扣结起来。

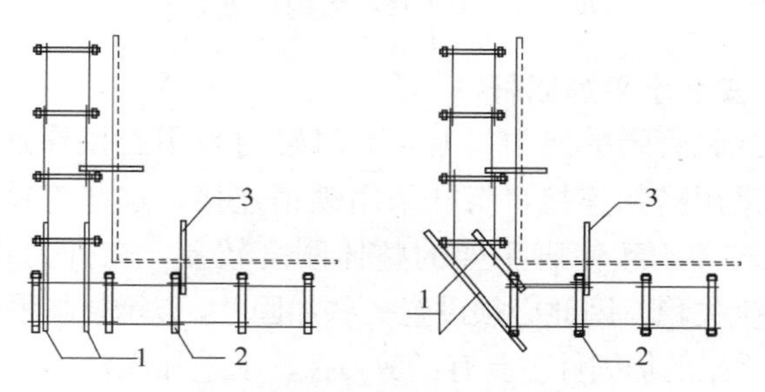

图 4-10　转角处脚手架连接

1—连接钢管；2—门架；3—连墙杆

水平连接杆钢管的规格应与水平面加固杆相同，以便于用扣件连接。

水平连接杆应采用扣件与门架立杆及水平加固杆扣紧。

另外，在转角处适当增加连墙件的布设密度。

3. 斜梯安装

作业人员上下脚手架的斜梯应采用挂扣式钢梯，钢梯的规格应与门架规格配套，并与门架挂扣牢固。

脚手架的斜梯宜采用“之”字形式，一个梯段宜跨越两步或三步，每隔四步必须设置一个休息平台。斜梯的坡度应在30°以内(图4-11)。斜梯应设置护栏和扶手。

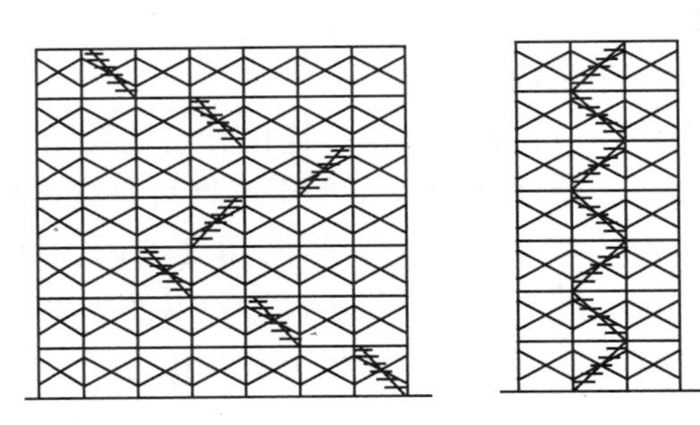

图4-11　上人楼梯段的设置形式

4. 安装水平加固杆

门式钢管脚手架中，上、下门架均采用连接棒连接，水平杆件采用搭扣连接，斜杆采用锁销连接，这些连接方法的紧固性较差，致使脚手架的整体刚度较差，在外力作用下，极易发生失稳。因此必须设置一些加固件，以增强脚手架刚度。门式脚手架的加固件主要有：剪刀撑、水平加固杆件、扫地杆、封口杆、连墙件(图4-2)，沿脚手架内外侧周围封闭设置。

水平加固杆是与墙面平行的纵向水平杆件。为确保脚手架搭设的安全，以及脚手架整体的稳定性，水平加固杆必须随脚手架的搭设同步搭设。

当脚手架高度超过20m时，为防止发生不均匀沉降，脚手架最下面3步可以每步设置一道水平加固杆(脚手架外侧），3 步以上每隔 4 步设置一道水平加固杆，并宜在有连墙件的水平层连续设置，以形成水平闭合圈，对脚手架起环箍作用，增强脚手架的稳定性。水平加固杆采用 ϕ48 钢管用扣件在门架立杆的内侧与立杆扣牢。

5. 设置连墙件

为避免脚手架发生横向偏斜和外倾，加强脚手架的整体稳定性、安全可靠性，脚手架必须设置连墙件。

连墙件的搭设按规定间距必须随脚手架搭设同步进行不得漏设，严禁滞后设置或搭设完毕后补做。

连墙件由连墙件和锚固件组成，其构造因建筑物的结构不同有夹固式、锚固式和预埋连墙件几种方法，见图 4-12。

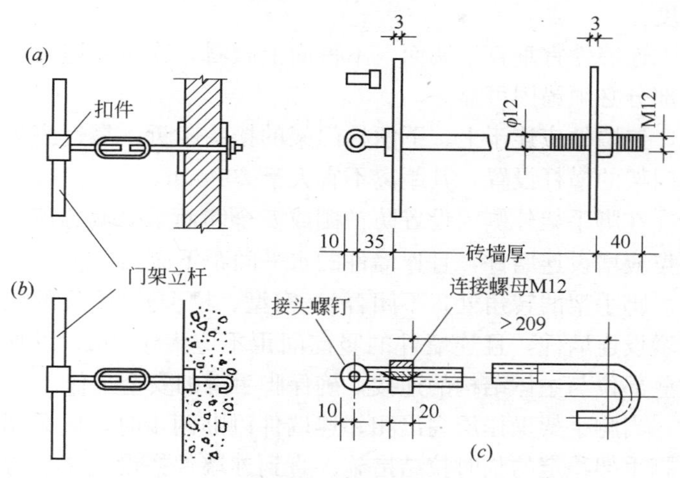

图 4-12　连墙件构造

连墙件的最大间距，在垂直方向为 6m，在水平方向为 8m。一般情况下，连墙件竖向每隔三步，水平方向每隔 4 跨设置一个。高层脚手架应适当增加布设密度，低层脚手架可适当减少布设密度，连墙件间距规定应满足表 4-4 的要求。

连墙件竖向、水平间距 **表 4-4**

<table>
<tr><th rowspan="2">脚手架搭设高度（m）</th><th rowspan="2">基本风压 w_0（kN/m²）</th><th colspan="2">连墙件间距（m）</th></tr>
<tr><th>竖向</th><th>水平方向</th></tr>
<tr><td rowspan="2">≤45</td><td>≤0.55</td><td>≤6.0</td><td>≤8.0</td></tr>
<tr><td>>0.55</td><td rowspan="2">≤4.0</td><td rowspan="2">≤6.0</td></tr>
<tr><td>45～60</td><td></td></tr>
</table>

连墙件应能承受拉力与压力，其承载力标准值不应小于 10kN；连墙件与门架、建筑物的连接也应具有相应的连接强度。

连墙件宜垂直于墙面，不得向上倾斜，连墙件埋入墙身的部分必须锚固可靠。

连墙件应连于上、下两榀门架的接头附近，靠近脚手架中门架的横杆设置，其距离不宜大于 200mm。

在脚手架外侧因设置防护棚或安全网而承受偏心荷载的部位应增设连墙件，且连墙件的水平间距不应大于 4.0m。

脚手架的转角处，不闭合(一字型、槽型)脚手架的两端应增设连墙件，且连墙件的竖向间距不应大于 4m。以加强这些部位与主体结构的连接，确保脚手架的安全工作。

当脚手架操作层高出相邻连墙件以上两步时，应采用确保脚手架稳定的临时拉结措施，直到连墙件搭设完毕后方可拆除。

加固件、连墙件等与门架采用扣件连接时，扣件规格应与所连钢管外径相匹配；扣件螺栓拧紧扭力矩宜为 50～60N·m，并不得小于 40N·m。各杆件端头伸出扣件盖板边缘长度不应小于 100mm。

6. 搭设剪刀撑

为了确保脚手架搭设的安全，以及脚手架的整体稳定性，剪刀撑必须随脚手架的搭设同步搭设。

剪刀撑采用 ϕ48mm 钢管，用扣件在脚手架门架立杆的外侧与立杆扣牢，剪刀撑斜杆与地面倾角宜为 45°～60°，宽度一般为 4～8m，自架底至顶连续设置。剪刀撑之间净距不大于 15m。（图 4-13）

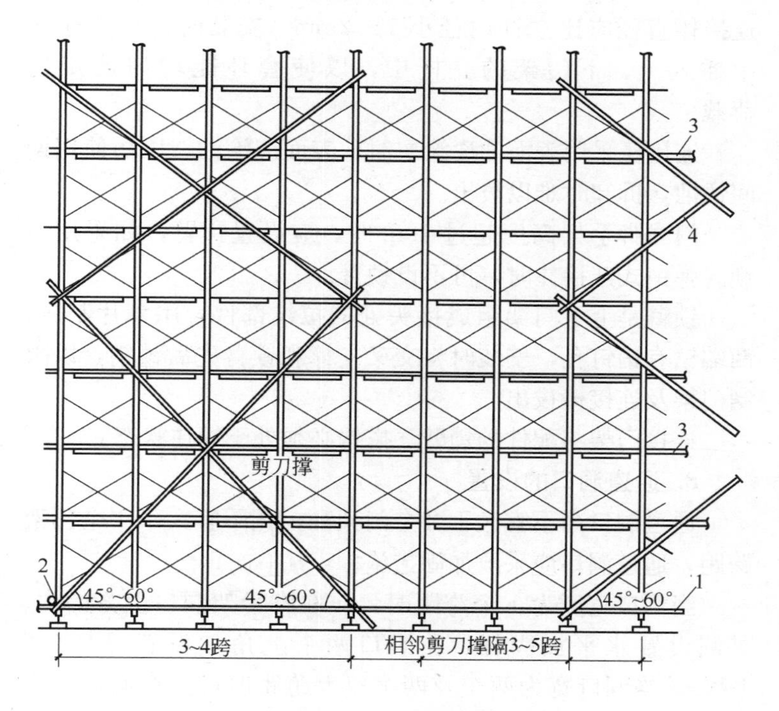

图 4-13 剪刀撑设置

1—纵向扫地杆；2—横向封口杆；3—水平加固杆；4—剪刀撑

剪刀撑斜杆若采用搭接接长，搭接长度不宜小于600mm，且应采用两个扣件扣紧。

脚手架的高度 $H>20$m 时，剪刀撑应在脚手架外侧连续设置。

7. 门架竖向组装

上、下榀门架的组装必须设置连接棒和锁臂，其他部件（如栈桥梁等）则按其所处部位相应及时安装。

搭第二步脚手架时，门架的竖向组装、接高用连接棒。连接棒直径应比立杆内径小 1～2mm，安装时连接棒应居中插入上、下门架的立杆中，以使套环能均匀地传递荷载。

连接棒采用表面油漆涂层时，表面应涂油，以防使用期间锈蚀，拆卸时难以拔出。

门式脚手架高度超过 10m 时，应设置锁臂，如采用自锁式弹销式连接棒时，可不设锁臂。

锁臂是上下门架组成接头处的拉结部件，用钢片制成，两端钻有销钉孔，安装时将交叉支撑和锁臂先后锁销，以限制门架及连接棒拔出。

连接门架与配件的锁臂、搭钩必须处于锁住状态。

8. 通道洞口的设置

通道洞口高不宜大于 2 个门架高，宽不宜大于 1 个门架跨距，通道洞口应采取加固措施。

当洞口宽度为 1 个跨距时，应在脚手架洞口上方的内、外侧设置水平加固杆，在洞口两个上角加设斜撑杆（图 4-14）。当洞口宽为两个及两个以上跨距时，应在洞口上方设置水平加固杆及专门设计和制作的托架，并在洞口两侧加强门架立杆（图 4-15）。

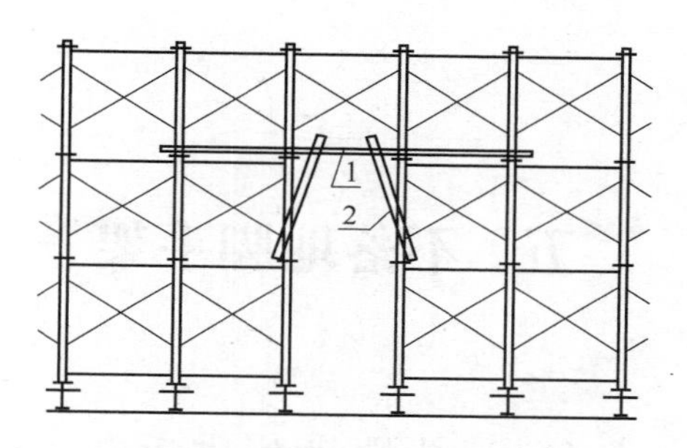

图 4-14　通道洞口加固示意

1—水平加固管；2—斜撑杆

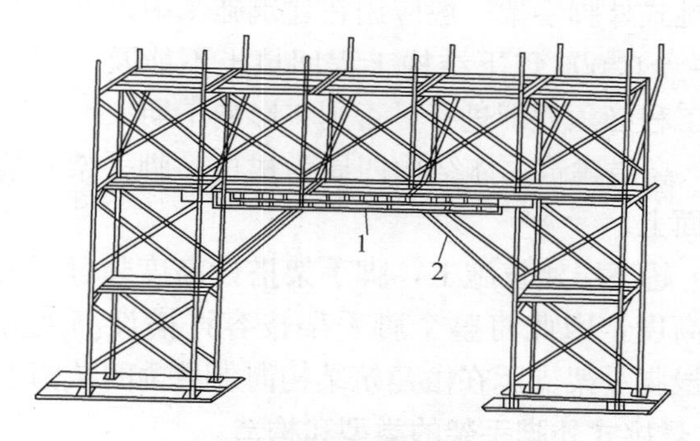

图 4-15　宽通道洞口加固示意

1—托架梁；2—斜撑杆

9. 安全网、扶手安装

安全网及扶手等设置参照扣件式脚手架。

五、不落地脚手架

（一）悬挑式外脚手架

悬挑式外脚手架一般应用在建筑施工中以下三种情况：

（1）±0.000 以下结构工程回填土不能及时回填，而主体结构工程必须立即进行，否则将影响工期；

（2）高层建筑主体结构四周为裙房，脚手架不能直接支承在地面上；

（3）超高层建筑施工，脚手架搭设高度超过了架子的容许搭设高度，因此将整个脚手架按容许搭设高度分成若干段，每段脚手架支承在由建筑结构向外悬挑的结构上。

1. 悬挑式外脚手架的类型和构造

挑脚手架根据悬挑支承结构的不同，分为支撑杆式悬挑脚手架和挑梁式悬挑脚手架两类。

（1）支撑杆式悬挑脚手架

支撑杆式悬挑脚手架的支承结构不采用悬挑梁(架)，直接用脚手架杆件搭设。

1）支撑杆式双排脚手架

如图 5-1(*a*)所示支撑杆式挑脚手架，其支承结构为内、外两排立杆上加设斜撑杆，斜撑杆一般采用双钢管，而水平横杆加长后一端与预埋在建筑物结构中的铁环焊牢，这样脚手架的荷载通过斜杆和水平横杆传递到建筑物上。

图 5-1(*b*)所示悬挑脚手架的支承结构是采用下撑上拉方法，在脚手架的内、外两排立杆上分别加设斜撑杆。斜撑杆的下端支在建筑结构的梁或楼板上，并且内排立杆的斜撑杆的支点比外排立杆斜撑杆的支点高一层楼。斜撑杆上端用双扣件与脚手架的立杆连接。

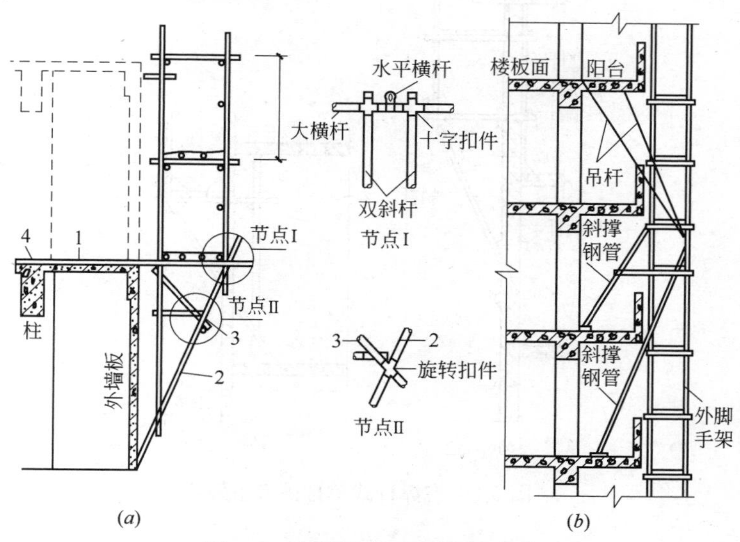

图 5-1　支撑杆式双排挑脚手架

1—水平横杆；2—双斜撑杆；3—加强短杆；4—预埋铁环

此外，除了斜撑杆，还设置了拉杆，以增强脚手架的承载能力。

支撑杆式悬挑脚手架搭设高度一般在 4 层楼高 12 米左右。

2）支撑杆式单排悬挑脚手架

图 5-2(*a*)所示为支撑杆式单排悬挑脚手架，其支承结构

为从窗门挑出横杆，斜撑杆支撑在下一层的窗台上。如无窗台，则可先在墙上留洞或预埋支托铁件，以支承斜撑杆。

图 5-2(*b*)所示支撑杆式挑脚手架的支承结构是从同一窗口挑出横杆和伸出斜撑杆，斜撑杆的一端支撑在楼面上。

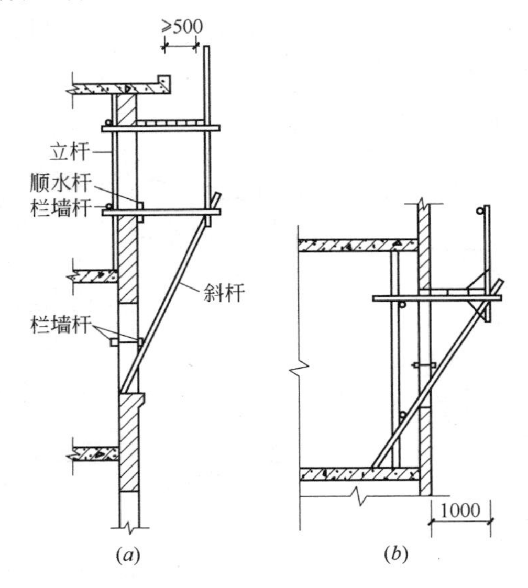

图 5-2　支撑杆式单排挑脚手架

(2) 挑梁式悬挑脚手架

挑梁式悬挑脚手架采用固定在建筑物结构上的悬挑梁(架)，并以此为支座搭设脚手架，一般为双排脚手架。此种类型脚手架搭设高度一般控制在 6 个楼层(20m)以内，可同时进行 2～3 层作业，是目前较常用的脚手架形式。其支撑结构有下撑挑梁式、桁架挑梁式挑脚手架和斜拉挑梁式三种。

1) 下撑挑梁式

在主体结构上预埋型钢挑梁，并在挑梁的外端加焊斜撑压杆组成挑架。各根挑梁之间的间距不大于 6m，并用两根型钢纵梁相连，然后在纵梁上搭设扣件式钢管脚手架。如图 5-3 所示。

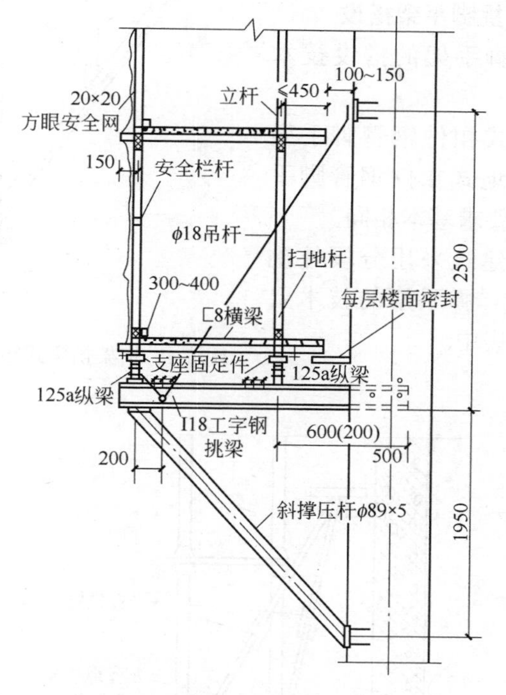

图 5-3　下撑挑梁式挑脚手架

2）桁架挑梁式

与下撑挑梁式基本相同，用型钢制作的桁架代替了挑架（图 5-4），这种支撑形式承载能力较强，下挑梁的间距可达 9m。

3）斜拉挑梁式

图 5-5 所示挑梁式悬挑脚手架，以型钢作挑梁，其端头用钢丝绳（或钢筋）作拉杆斜拉。

2. 悬挑脚手架搭设

悬挑脚手架的搭设技术要求：

外挑式扣件钢管脚手架与一般落地式扣件钢管脚手架的搭设要求基本相同。

高层建筑采用分段外挑脚手架时，脚手架的技术要求列于下表中。

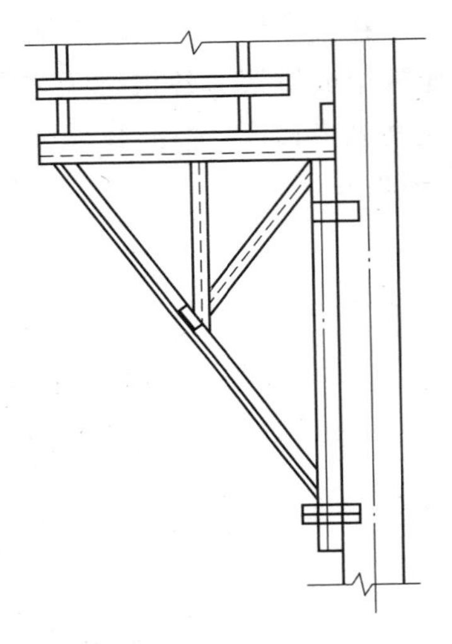

图 5-4 桁架挑梁式挑脚手架

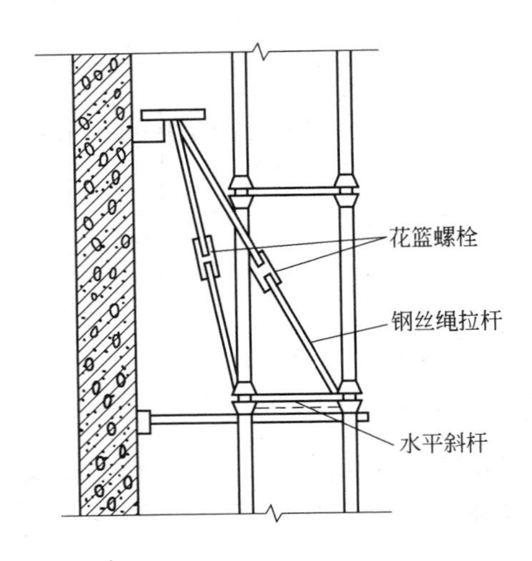

图 5-5 斜拉挑梁式挑脚手架

分段式外挑脚手架技术要求 **表 5-1**

允许荷载 (N/m^2)	立杆最大间距(mm)	纵向水平杆最大间距(mm)	横向水平杆间距(mm)		
			脚手板厚度(mm)		
			30	43	50
1000	2700	1350	2000	2000	2000
2000	2400	1200	1400	1400	1750
3000	2000	1000	2000	2000	2200

(1) 支撑杆式挑脚手架搭设

搭设顺序：

水平横杆→纵向水平杆→双斜杆→内立杆→加强短杆→外立杆→脚手板→栏杆→安全网→上一步架的横向水平杆→连墙杆→水平横杆与预埋环焊接。

按上述搭设顺序一层一层搭设，每段搭设高度以 6 步为宜，并在下面支设安全网。

图 5-1(*b*)所示的脚手架的搭设方法是预先拼装好一定的高度的双排脚手架，用塔吊吊至使用位置后，用下撑杆和上撑杆将其固定。

(2) 挑梁式脚手架搭设

搭设顺序：

安置型钢挑梁(架)→安装斜撑压杆、斜拉吊杆(绳)→安放纵向钢梁→搭设脚手架或安放预先搭好的脚手架。

每段搭设高度以 12 步为宜。

(3) 施工要点

1) 连墙杆的设置

根据建筑物的轴线尺寸，在水平方向应每隔 3 跨(隔 6m)设置一个，在垂直方向应每隔 3～4m 设置一个，并要求各点互相错开，形成梅花状布置。

2）连墙杆的作法

在钢筋混凝土结构中预埋铁件，然后用 100×63×10 的角钢，一端与预埋件焊接，另一端与连接短管用螺栓连接（图 5-6）。

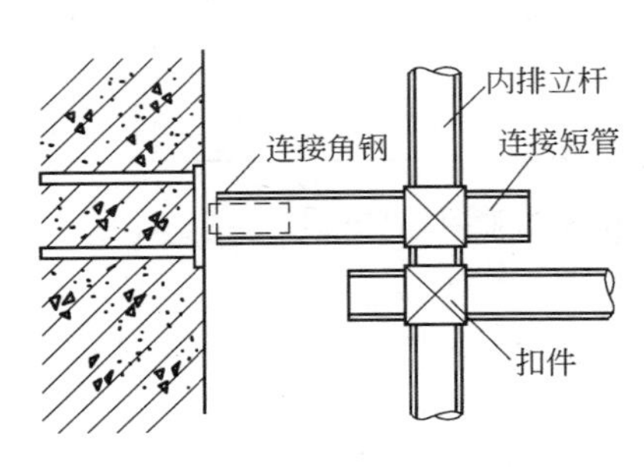

图 5-6　连墙杆作法

3）垂直控制

搭设时，要严格控制分段脚手架的垂直度，垂直度偏差：

第一段不得超过 1/400；

第二段、第三段不得超过 1/200。

脚手架的垂直度要随搭随检查，发现超过允许偏差时，应及时纠正。

4）脚手板铺设

脚手架的底层应满铺厚木脚手板，其上各层可满铺薄钢板冲压成的穿孔轻型脚手板。

5）安全防护措施

脚手架中各层均应设置护栏、踢脚板和扶梯。

脚手架外侧和单个架子的底面用小眼安全网封闭，架子与建筑物要保持必要的通道。

6）挑梁式挑脚手架立杆与挑梁（或纵梁）的连接，应在挑梁（或纵梁）上焊 150～200mm 长钢管，其外径比脚手架立杆内径小 1.0～1.5mm，用接长扣件连接，同时在立杆下部设 1～2 道扫地杆，以确保架子的稳定。

7）悬挑梁与墙体结构的连接，应预先预埋铁件或留好孔洞，保证连接可靠，不得随便打凿孔洞，破坏墙体。各支点要与建筑物中的预埋件连接牢固。挑梁、拉杆与结构的连接可参考图 5-7、图 5-8 所示的方法。

8）斜拉杆（绳）应装有收紧装置，以使拉杆收紧后能承担荷载。

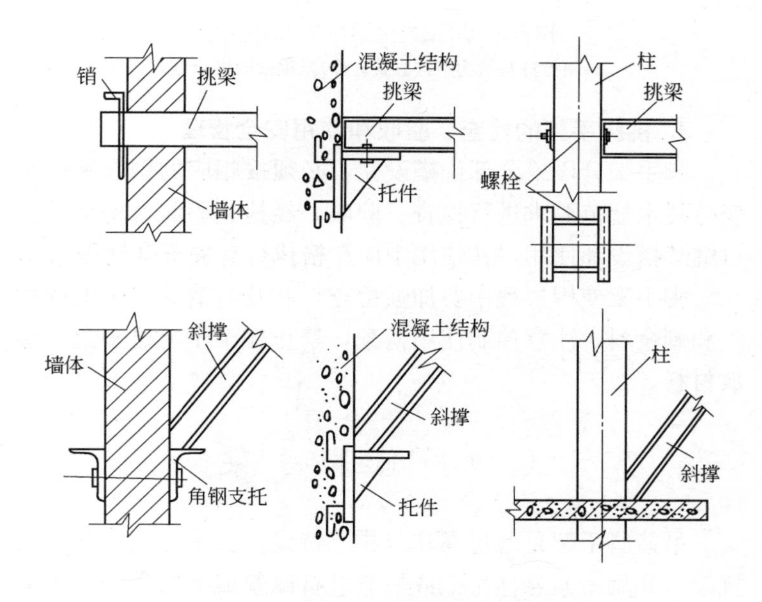

图 5-7　下撑式挑梁与结构的连接

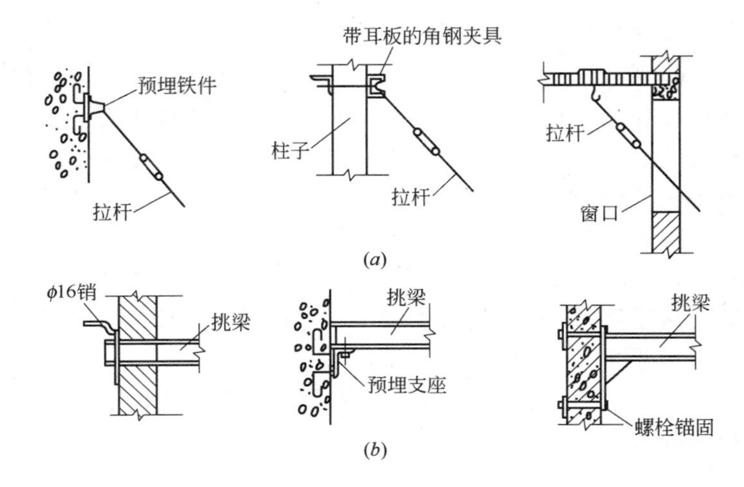

图 5-8　斜拉式挑梁与结构的连接

(*a*)斜拉杆与结构连接方式；(*b*)悬挑梁的连接方式

3. 挑脚手架的检查、验收和使用安全管理

脚手架分段或分部位搭设完，必须按相应的钢管脚手架安全技术规范要求进行检查、验收，经检查验收合格后，方可继续搭设和使用，在使用中应严格执行有关安全规程。

脚手架使用过程中要加强检查，并及时清除架子上的垃圾和剩余料，注意控制使用荷载，禁止在架子上过多集中堆放材料。

（二）吊 篮 脚 手 架

吊篮脚手架是通过在建筑物上特设的支承点固定挑梁或挑架，利用吊索悬挂吊架或吊篮进行砌筑或装饰工程施工的一种脚手架，是高层建筑外装修和维修作业的常用脚手架。

1. 吊篮脚手架的类型和基本构造

吊篮脚手架分手动吊篮脚手架和电动吊篮脚手架两类。

吊篮脚手架特点：节约材料，节省劳力，缩短工期，操作方便灵活，技术经济效益较好。

(1) 手动吊篮脚手架

手动吊篮脚手架由支承设施、吊篮绳、安全绳、手扳葫芦和吊架(或吊篮)组成(图 5-9)，利用手扳葫芦进行升降。

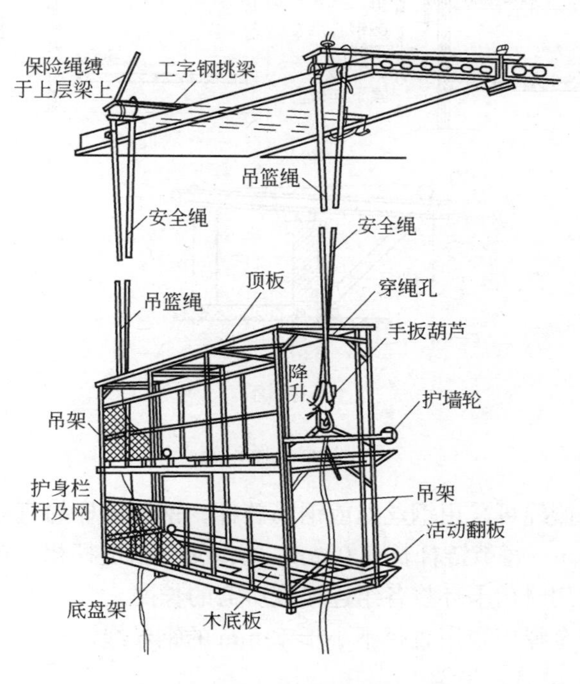

图 5-9 手动吊篮脚手架

1) 支承设施

一般采用建筑物顶部的悬挑梁或桁架，必须按设计规定与建筑结构固定牢靠，挑出的长度应保证吊篮绳垂直地面，见图 5-10(*a*)，如挑出过长，应在其下面加斜撑，见图 5-10(*b*)。

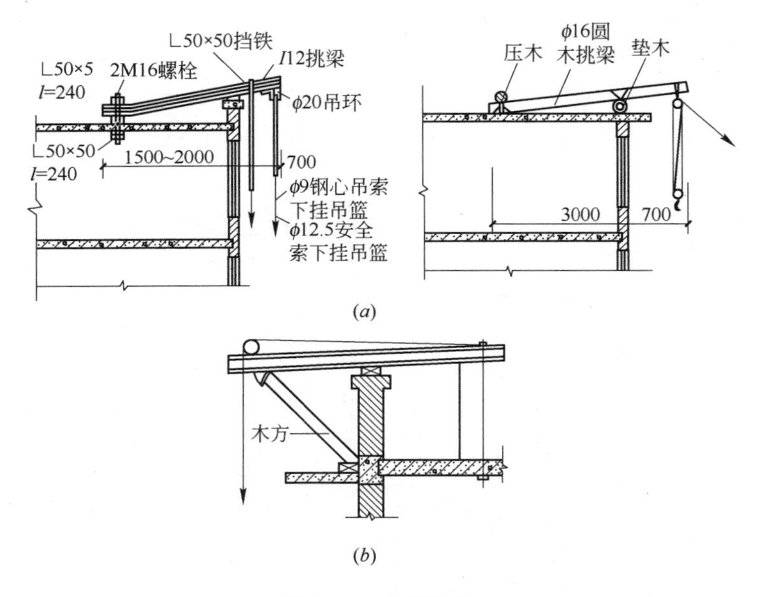

图 5-10　支承设施

吊篮绳可采用钢丝绳或钢筋链杆。钢筋链杆的直径不小于 16mm，每节链杆长 800mm，每 5～10 根链杆相互连成一组，使用时用卡环将各组连接成所需的长度。

安全绳应采用直径不小于 13mm 的钢丝绳。

2）吊篮、吊架

① 组合吊篮一般采用用 ϕ48 钢管焊接成吊篮片，再把吊篮片(图 5-11 中是四片)用 ϕ48 钢管扣接成吊篮，吊篮片间距为 2.0～2.5m，吊篮长不宜超过 8.0m，以免重量过大。

图 5-12 是双层、三层吊篮片的形式。

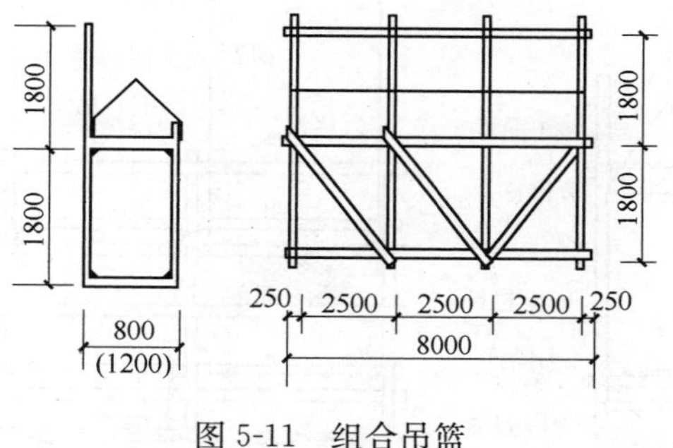

图 5-11 组合吊篮

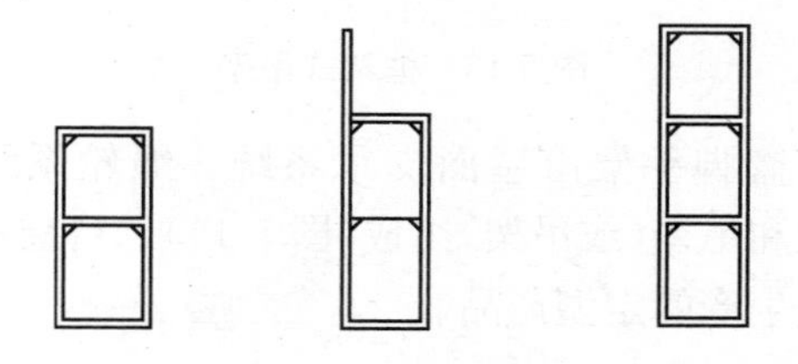

图 5-12 组合吊篮的吊篮片

② 框架式吊架(图 5-13)用 ϕ50×3.5 钢管焊接制成，主要用于外装修工程。

③ 桁架式工作平台

桁架式工作平台一般由钢管或钢筋制成桁架结构，并在上面铺上脚手板，常用长度有 3.6m，4.5m，6.0m 等几种，宽度一般为 1.0～1.4m。这类工作台主要用于工业厂房或框架结构的围墙施工。

吊篮里侧两端应装置可伸缩的护墙轮，使吊篮在工作时能与结构面靠紧，以减少吊篮的晃动。

(2) 电动吊篮脚手架

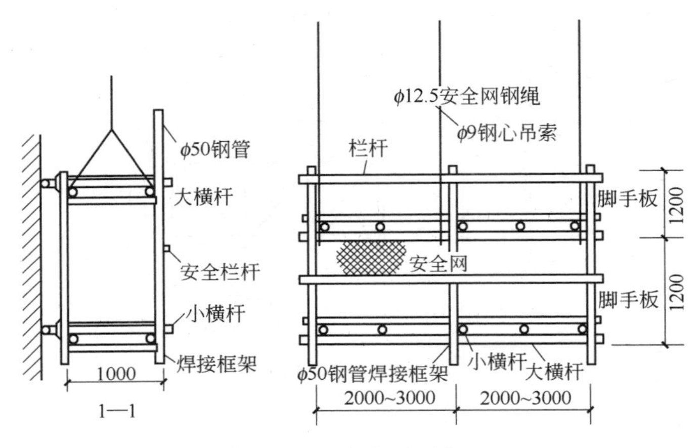

图 5-13　框架式吊架

电动吊篮脚手架由屋面支承系统、绳轮系统、提升机构、安全锁和吊篮(或吊架)组成(图 5-14)。目前吊篮脚手架都是工厂化生产的定型产品。

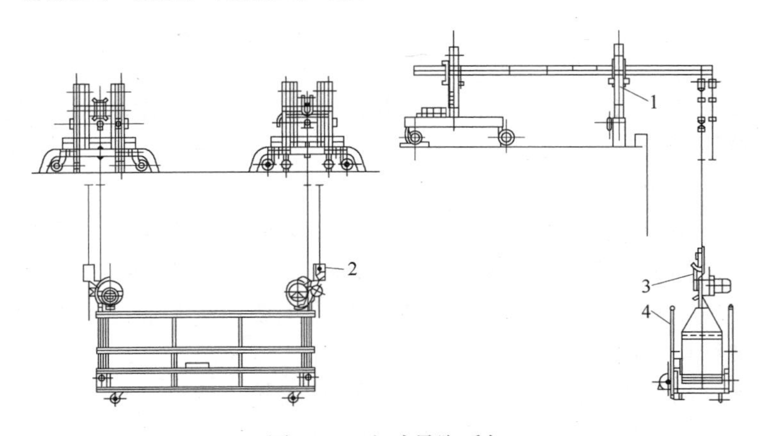

图 5-14　电动吊脚手架

1—屋面支撑系统；2—安全锁；3—提升机构；4—吊篮

1）屋面支撑系统

屋面支承系统由挑梁、支架、脚轮、配重以及配重架等组成，有四种形式。简单固定挑梁式支承系统，如图 5-15 所示；移动挑梁式支承系统，如图 5-16 所示；高女儿墙移动挑梁式支承系统，如图 5-17 所示；大悬臂移动桁架式支承系统，如图 5-18 所示。

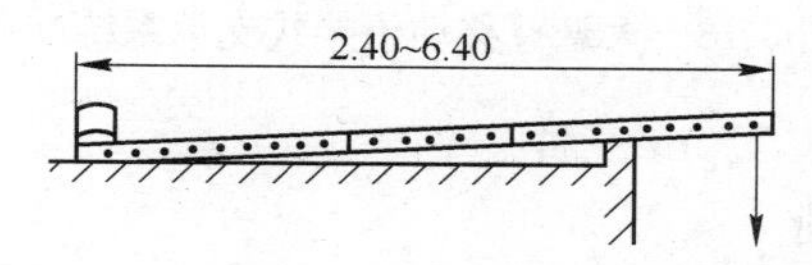

图 5-15　简单固定挑梁式支承系统

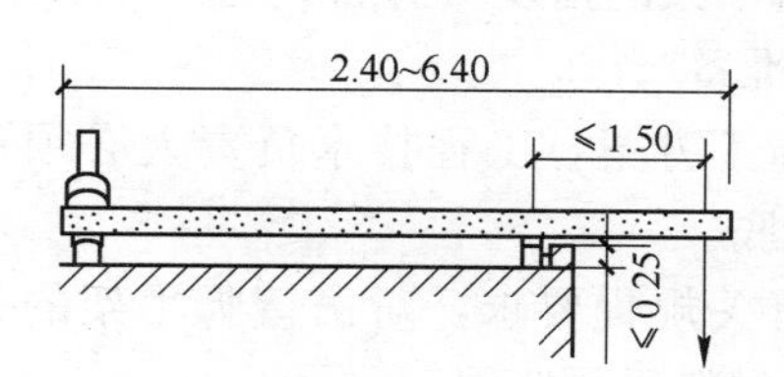

图 5-16　移动挑梁式支承系统

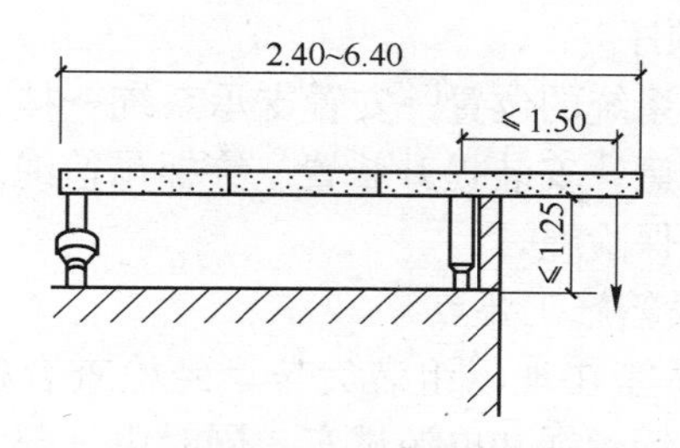

图5-17　高女儿墙移动挑梁式支承系统(m)

2）吊篮

吊篮由底篮、栏杆、挂架和附件等组成。宽度标准为

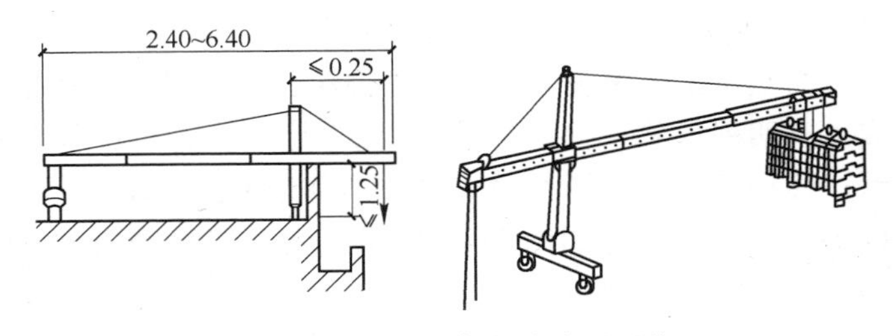

图 5-18　大悬臂移动桁架式支承系统(m)

2.0m、2.5m、3.0m 三种。

3）安全锁

保护吊篮中操作人员不致因吊篮意外坠落而受到伤害。

2. 吊篮脚手架的搭设与拆除

(1) 施工准备

1）根据施工方案，工程技术负责人必须逐级向操作人员进行技术交底。

2）根据有关规程要求，对吊篮脚手架的材料进行检查验收。不合格材料不得使用。

(2) 吊篮脚手架搭设

1）搭设顺序

确定支承系统的位置→安置支承系统→挂上吊篮绳及安全绳→组装吊篮→安装提升装置→穿插吊篮绳及安全绳→提升吊篮→固定保险绳。

2）电动吊篮施工要点

① 电动吊篮在现场组装完毕，经检查合格后，运到指定位置，接上钢丝绳和电源试车，同时由上部将吊篮绳和安全绳分别插入提升机构及安全锁中，吊篮绳一定要在提升机运行中插入。

② 接通电源时，要注意电动机运转方向，使吊篮能按

正确方向升降。

③ 安全绳的直径不小于12.5mm，不准使用有接头的钢丝绳，封头卡扣不少于3个。

④ 支承系统的挑梁采用不小于14号的工字钢。挑梁的挑出端应略高于固定端。挑梁之间纵向应采用钢管或其他材料连结成一个整体。

⑤ 吊索必须从吊篮的主横杆下穿过，连接夹角保持45°并用卡子将吊钩和吊索卡死。

⑥ 承受挑梁拉力的预埋铁环，应采用直径不小于16mm的圆钢，埋入混凝土的长度大于360mm，并与主筋焊接牢固。

（3）吊篮脚手架拆除

吊篮脚手架拆除顺序为：

将吊篮逐步降至地面→拆除提升装置→抽出吊篮绳→移走吊篮→拆除挑梁→解掉吊篮绳、安全绳→将挑梁及附件吊送到地面。

3. 吊篮脚手架的验收、检查和使用安全管理

（1）吊篮脚手架的验收

无论是手动吊篮还是电动吊篮，搭设完毕后都要由技术、安全等部门依据规范和设计方案进行验收，验收合格后方可使用。

（2）吊篮脚手架的检查

在吊篮脚手架使用前，必须进行如下项目的检查，检验合格后方可使用。

1）屋面支承系统的悬挑长度是否符合设计要求，与结构的连接是否牢固可靠，配套的位置和配套量是否符合设计要求。

2）检查吊篮绳、安全绳、吊索。

3）五级及五级以上大风及大雨、大雪后应进行全面检查。

(3) 吊篮安全管理

1) 吊篮组装前施工负责人、技术负责人要根据工程情况编制吊篮组装施工方案和安全措施，并组织验收。

2) 组装吊篮所用的料具，要认真验选，用焊件组合的吊篮，焊件要经技术部门检验合格，方准使用。

3) 吊篮脚手架使用荷载不准超过 $120kg/m^2$（包括人体重）。吊篮上的人员和材料要对称分布，不得集中在一头，保证吊篮两端负载平衡。

4) 吊篮脚手架提升时，操作人员不准超过 2 人；

5) 严禁在吊蓝的防护以外和护头棚上作业，任何人不准擅自拆改吊篮，因工作需要必须改动时，要将改动方案报技术、安全部门和施工负责人批准后，由架子工拆改，架子工拆改后经有关部门验收后，方准使用。

6) 五级大风天气，严禁作业。在大风、大雨、大雪等恶劣天气过后，施工人员要全面检查吊篮，保证安全使用。

（三）外挂脚手架

外挂脚手架是采用型钢焊制成定型刚架，用挂钩等措施挂在建筑结构内预先埋设的钩环或预留洞中穿设的挂钩螺栓，随结构施工逐层往上提升，直至结构完成。外挂脚手架结构简单，装拆方便，耗工用料较少，架子轻便，可用塔吊移置，施工快速，费用低，在外装修阶段可以改成吊篮使用，较为经济实用。但由于稳定性差，如使用不当易发生事故。目前主要用于多层建筑的外墙粉刷、勾缝等作业。

1. 外挂脚手架基本构造

(1) 挂架

常见的外挂脚手架由三角形架、大小横杆、立杆，安全防护栏杆、安全网、穿墙螺栓、吊钩等组成。由两个或几个这样的三角架组成一榀，由脚手管固定，并以此为基础搭设防护架和铺设脚手板。

外挂脚手架可根据结构形式的不同，而采用不同的挂架。

砌筑时可以采用图 5-19 所示的两种构造。

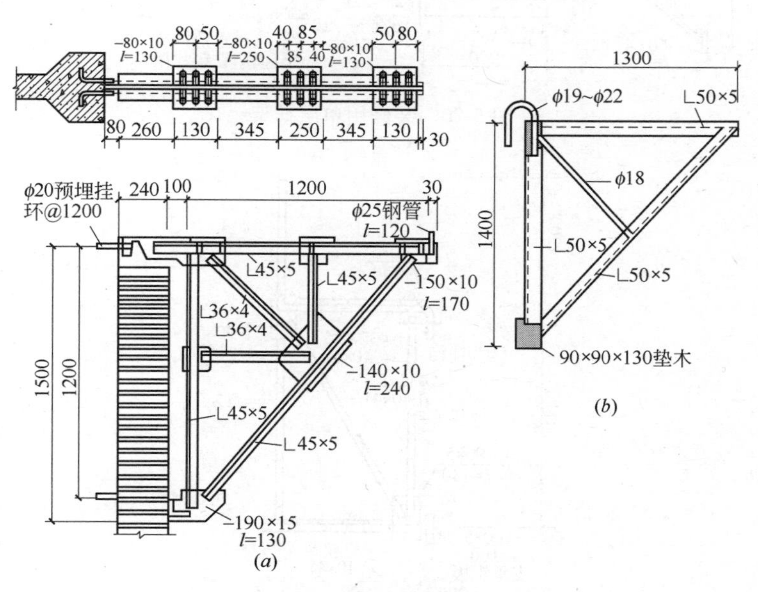

图 5-19　砌筑用挂脚手架

装修用挂脚手架，单层的一般为三角形挂架，双层的一般为矩形挂架，基本构造如图 5-20 和图 5-21 所示。三角形挂架每使用一步架高要挂移一次；矩形挂架由于上下水平杆上均可铺设脚手板，所以可使用二步架高再挂移一次。

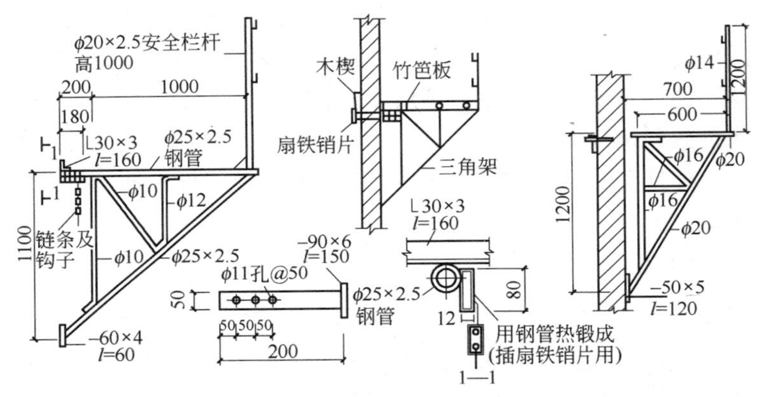

图 5-20　装修用单层挂架

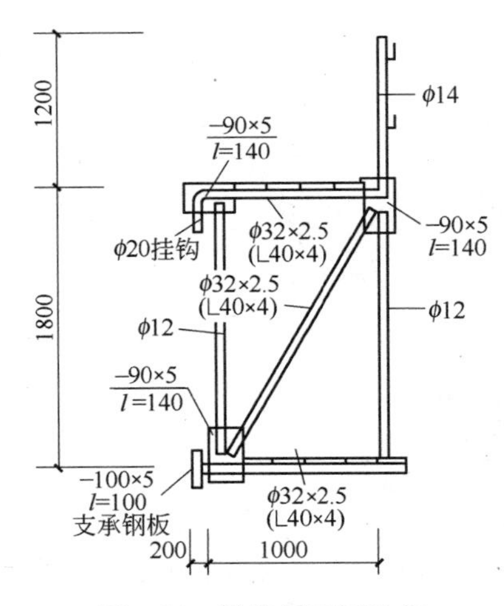

图 5-21　装修用双层挂架

（2）挂置点的设置

挂置点大多设置在柱子或承重墙体内。常用的有以下两种设置方法。

1）在柱子内预埋挂环或设置卡箍，如图 5-22 所示。

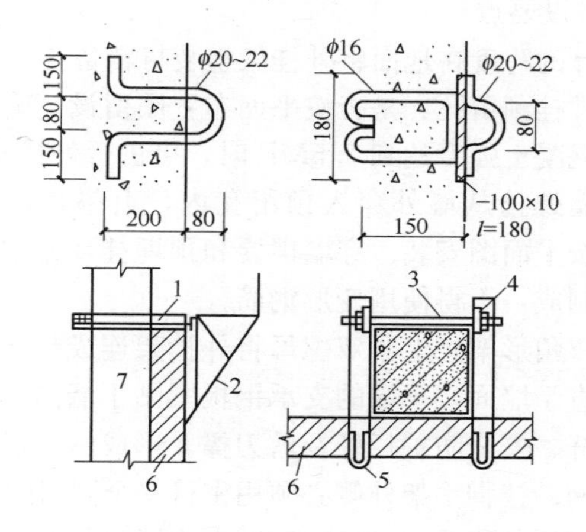

图 5-22　柱内预埋挂环或设卡箍

(*a*)柱内预埋挂环；(*b*)柱上卡箍

1—卡箍；2—挂架；3—M22 螺柱；4—卡箍∟75×8；

5—φ20U 形挂环；6—墙；7—柱

2）在墙内预留孔洞，用螺栓与挂架相连，如图 5-23 所示。采用这种方法必须注意：墙体必须是混凝土墙体，且混凝土强度必须达到设计强度的 70%时才能挂脚手架；洞口两侧厚度小于 240mm 的墙体内和宽度小于 490mm 的窗间墙内均不得设挂架。

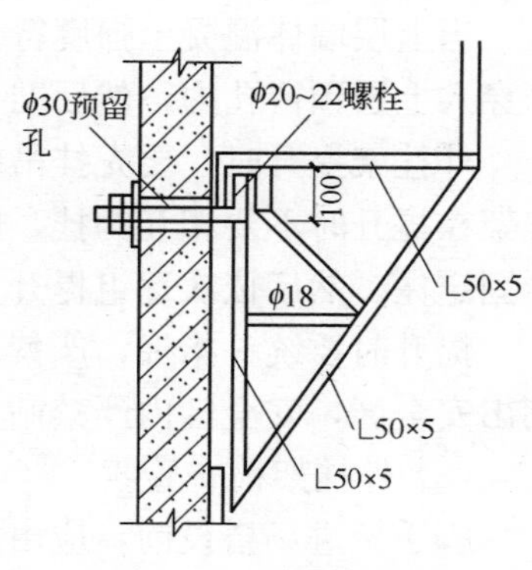

图 5-23　预留孔设置

2. 外挂脚手架的搭设与使用

(1) 搭设要点

按设计的跨度在地面将外挂架组装材料备齐。

检查外挂预留孔，是否按平面布置图留设，确认无误并等到外墙混凝土强度达到 7.5MP 时，可进行外挂架施工。

将穿墙螺栓从墙外穿入预留孔内，上垫片，带上双螺母，逐次按平面图安装。穿墙螺栓和预埋挂环必须用 ϕ20 以上的圆钢制成，不得使用变形钢筋。

挂上三角形架，上紧双螺母将外挂架连成整体，推动挂架使其垂直于墙面，下端的支承钢板紧贴于墙面。接着搭设立杆、横杆、安全防护栏杆及剪刀撑，形成一组后，从上往下兜安全网。挂脚手架外侧必须用密目安全网封闭。

外挂脚手架间距不得大于 2m。因其属于工具式脚手架，施工荷载为 $1kN/m^2$，不得超载使用。一般每跨不大于 2m，作业人员不超过 2 人，也不能有过多存料，避免荷载集中。

(2) 外挂架提升

当上层墙体混凝土强度符合承载设计要求后，将穿墙拉杆穿入上层预留孔内，然后准备用塔吊提升挂架。

外挂架提升时，要先挂吊钩，然后才允许松螺母。注意挂架在提升时不要相互钩挂，此时将挂架提升到上一层用螺栓固定住。然后依次逐组提升。

提升时要统一指挥，严禁任何人站在外挂架上，地面要划出安全区，安全区内严禁站人。

(3) 外挂架检查验收

脚手架进场搭设前，应由施工负责人确定专人按施工方案质量要求逐片检验，对不合格的挂架进行修复，修复后仍不合格者应报废处理。因外挂架对建筑结构附加了较大的外荷载，对建筑结构也要进行验算和加固。

外挂架搭设完毕后要逐项检查，无误后应在接近地面做荷载试验，按 $2kN/m^2$ 均布荷载试压不少于 4 小时，以检验悬挂点的强度，焊接及预埋件的质量，然后经技术、安全等人员联合验收合格后方可使用。

对检验和试验都应有正式格式和内容要求的文字资料，并由负责人签字。

正式搭设或使用前，应由施工负责人进行详细交底并进行检查，防止发生事故。

（4）外挂架的拆除

拆除时先由塔吊吊住并让钢丝绳受力，然后松开墙体内侧螺母，卸下垫片，这时人站在挂架下层平台内将穿墙螺杆从墙外侧拔出，塔吊将外挂架吊到地面解体。

（5）外挂架安全管理

外挂架的搭设、提升和装拆必须由有操作证的架子工进行。

外挂架的负载较轻，严禁超载使用。

吊装人员要相对固定，施工时必须有“技术安全书面交底书”。

吊装就位要平稳、准确、不碰撞、不兜挂，遇有 5 级风时停止作业。

上下挂架以及操作时，动作要轻，不得从高处跳到挂架上。

经常检查螺母是否松动，螺杆、安全网、吊具是否损坏，如有异常，及时处理。

模板施工时，待模板调整完毕后，斜支撑不得受力于外挂架。

六、脚手架的检查、验收与拆除

（一）脚手架的检查、验收和安全管理

脚手架搭设前，工程技术负责人应按施工方案要求，结合施工现场作业条件和队伍情况，向搭设和使用人员做技术和安全作业要求的交底，并确定指挥人员。

对脚手架的杆配件应按规范要求进行检查、验收，严禁使用不合格的杆配件。

脚手架搭设完毕或分段搭设完毕，应按照施工方案和规范要求对脚手架的搭设质量逐项进行检查、验收，合格后方可验收投入使用。

1. 检查验收的组织

高度≤20m 的碗扣式脚手架和门式钢管外脚手架，高度≤24m 的扣件式钢管脚手架应由单位工程负责人组织有关技术、安全、安装人员进行检查验收；

高度＞20m 的碗扣式脚手架和门式钢管外脚手架，高度＞24m 的扣件式钢管脚手，应由上一级技术负责人随工程进度分阶段组织单位工程负责人、安全人员及有关的技术人员进行检查验收。

2. 脚手架验收文件准备

验收时应具备下列文件：

（1）脚手架搭设方案；

（2）技术交底文件；

（3）脚手架杆配件的出厂合格证或质量分类合格标志；

（4）脚手架工程的施工记录及阶段质量检查记录；

（5）脚手架搭设过程中出现的重要问题及处理记录；

（6）脚手架工程的施工验收报告。

3. 脚手架的质量检查、验收项目

脚手架工程的验收，除查验有关文件外，还应进行现场检查，现场检查应重点检查下列项目，并需将检查结果记入施工验收报告。

（1）脚手架的架杆、配件设置和加固件是否齐全，质量是否合格，构造是否符合要求，连接和挂扣是否紧固可靠；

（2）地基有否积水，基础是否平整、坚实，支垫是否符合规定，底座是否松动，立杆有否悬空；

（3）连墙件的数量、位置和设置是否符合规定；

（4）安全网的张挂及扶手的设置是否符合规定要求；

（5）脚手架的垂直度与水平度的偏差是否符合要求；

（6）是否超载。

4. 脚手架使用的安全管理

脚手架的使用除第一章所述基本安全要求外，还应注意：

（1）严禁沿脚手架外侧任意攀登；

（2）在脚手架使用期间，严禁拆除下列杆件：主节点处的大、小横杆，纵、横向扫地杆，连墙件；

门式钢管脚手架施工期间不得拆除下列杆件：交叉支撑、水平架；连墙件；加固杆件：如剪刀撑、水平加固杆、扫地杆、封口杆等；栏杆。

(3) 在脚手架上进行电、气焊作业时，必须有防火措施和专人看守。

(4) 当因作业需要临时拆除门式钢管脚手架的交叉支撑或连墙件时，应经主管部门批准并应符合下列规定：

1) 交叉支撑只能在门架一侧局部拆除，临时拆除后，在拆除交叉支撑的门架上、下层面应满铺水平架或脚手板。作业完成后，应立即恢复拆除的交叉支撑；拆除时间较长时，还应加设扶手或安全网。

2) 只能拆除个别连墙件，在拆除前、后应采取安全措施，并应在作业完成后立即恢复；不得在竖向或水平向同时拆除两个及两个以上连墙件。

(5) 外脚手架的外表面应满挂安全网(或使用长条塑料编制篷布)，并与门架竖杆和剪刀撑结牢，每 5 层门架加设一道水平安全网。顶层门架之上应设置栏杆。

(6) 门式脚手架上不宜使用手推车。材料的水平运输应利用楼板层或用塔式起重机直接吊运至作业地点。

(7) 脚手架在使用期间应设专人负责进行经常检查和保修工作，在主体结构施工期间，一般应 3 天检查一次；主体结构完工后，最多 7 天也要检查一次。每次检查都应对杆件有无发生变形、连接点是否松动、连墙拉结是否可靠以及立杆基础是否发生沉陷等进行全面检查，发现问题应立即采取措施，以确保使用安全。

(二) 脚手架的拆除

拆除前，由施工负责人确认不再使用脚手架，制订拆除方案，并对拆除人员进行技术交底。首先清除架子上堆放的物料，然后拆除脚手板（每档留1块，供拆除作业用），再依次拆除各杆件。

脚手架的拆除顺序与搭设顺序相反，后搭的先拆，先搭的后拆。由架子工进行拆除，非专业人员不得上架从事拆除作业。

脚手架拆除作业的危险性大于搭设作业，在进行拆除工作之前，必须作好准备工作。

1. 脚手架拆除的施工准备

（1）当工程施工完成后，必须经单位工程负责人检查验证，确认脚手架不再需要后，方可拆除。脚手架拆除必须由施工现场技术负责人下达正式通知，并派专人统一指挥。

（2）脚手架拆除应制订拆除方案，并向操作人员进行安全技术交底。

（3）全面检查脚手架是否安全。

（4）脚手架拆除前应清除脚手架上的材料、工具和杂物，清理地面障碍物。

（5）制定详细的拆除程序。

2. 安全防护措施

脚手架拆除作业的安全防护要求与搭设作业时的安全防护要求相同：

（1）脚手架拆除现场应设置安全警戒区域和警告牌，并派专人负责安全警戒，严禁非施工作业人员进入拆除作业区内。

（2）应尽量避免单人进行拆卸作业；严禁单人拆除如脚手板、长杆件等较重、较大的杆部件。

（3）拆除过程应听从专人指挥，不准中途换人。迫不得已中途换人时，应对调换人员进行详细的交底后，方可进入现场从事拆除工作。

(4) 拆除工作宜连续进行，若中途下班休息，要清除架上已拆卸的杆件、扣件，并加临时拉杆稳定架子，并派人值班看守，防止他人动用脚手架。

(5) 参加搭、拆作业人员，一律不准酒后操作。操作时必须思想集中，不准说笑、打闹或擅自离开工作岗位。

(6) 拆除操作人员要佩带安全带，安全带挂钩要挂在可靠的且高于操作面的地方。

3. 脚手架的拆除顺序

(1) 扣件式钢管脚手架的拆除顺序为：

安全网→护身栏杆→挡脚板→剪刀撑→斜道→连墙件→小横杆→大横杆→脚手板→斜杆→立杆→……→抛撑→立杆底座。

(2) 门式钢管脚手架的拆除顺序为：

安全网→扶手和栏杆→水平架、扶梯→水平加固杆→剪刀撑→交叉支撑→顶部连墙杆→顶层门架……。

4. 脚手架的拆除注意事项

脚手架在拆除过程中，应符合以下要求。

(1) 拆除顺序应逐层由上而下进行，严禁上下同时作业。

(2) 杆件拆除要“一步一清”，不得采用阶梯形拆法。

(3) 工人必须站在临时设置的脚手板上进行拆卸作业，并按规定使用安全防护用品。

(4) 在拆除过程中，脚手架的自由悬臂高度不得超过 2 步，当必须超过 2 步时，应加设临时拉结。

(5) 剪刀撑、连墙杆、通长水平杆等必须随架子整体的下拆而逐层拆除，严禁先将连墙件整层或数层拆除后再拆脚手架杆件。

(6) 扣件式钢管脚手架拆除大横杆、立杆及剪刀撑等较长杆件，要由3人配合操作。两端人员拆卸扣件，中间一人负责接送(向下传送)。若用吊车吊运，要两点绑扎，平放吊运。小横杆、扣件包等，可通过建筑室内楼梯人工运送。

(7) 拆除水平杆时，松开联结后，水平托举取下。

(8) 拆除立杆时，把稳上部，再松开下端的联结，然后取下。

(9) 当扣件式钢管脚手架拆至下部最后一根立杆高度(约6.5m)时，应在适当位置先搭设临时抛撑加固后，再拆除连墙件。

(10) 如局部脚手架需要保留时，应有专项技术措施，按有关的构造要求设置连墙杆和横向支撑加固，经上级技术负责人批准，安全部门及使用单位验收，办理签字手续后方可使用。

(11) 门式脚手架同一步(层)的构配件和加固件应按先上后下，先外后内的顺序进行拆除，最后拆连墙件和门架。

(12) 拆卸门式脚手架连接部件时，应先将锁座上的锁板与卡钩上的锁片旋转至开启位置，然后开始拆除，不得硬拉，严禁敲击。

(13) 拆除工作中，严禁使用榔头等硬物击打、撬挖，拆下的连接棒应放入袋内，锁臂应先传递至地面并入库存放。

(14) 拆除的扣件与零配件，用工具包或专用容器收集，用吊车或吊绳吊下，不得向下抛掷。也可将扣件留置在钢管上，待钢管吊下后，再拆卸。

(15) 拆下的脚手架构配件，应成捆用机械吊运或由井架传送至地面，防止碰撞，严禁从高空往下抛掷。

5. 脚手架材料的整修、保养

拆除到地面的脚手架杆、配件，应按要求及时清理、整修和维护保养，并按品种、规格随时分类堆码存放，以便运输和保管。应置于干燥通风处，防止锈蚀，并及时清理入库。

门式脚手架部件的品种规格较多。必须由专门人员(或部门)管理，以减少损坏。拆下的门架及配件，应清除杆件及螺纹上的玷污物，凡杆件变形和挂扣失灵的部件均不得继续使用。

七、其他脚手架

（一）木脚手架

选用剥皮杉或其他坚韧质轻的圆木为主要杆件，采用镀锌钢丝或钢丝绑扎而成的脚手架，称为木脚手架。木脚手架目前是国家明令限制使用的脚手架材料。南方地区修缮架子和古建筑脚手架有一定的应用。

各类木脚手架的一般施工顺序为：根据预定的搭设方案放立杆(位置)线→挖立杆坑→竖立杆→绑大横杆→绑小横杆→绑抛撑→绑斜撑或剪刀撑→铺脚手板→搭设安全网。

(1) 放立杆线　根据预定的搭设方案放立杆的具体位置点，构造要求立杆的纵向间距为 5m，里排立杆离墙面 50～60cm。外排立杆距墙面 2～2.5m。

(2) 挖立杆坑　坑的深度要求不小于 50cm，坑的直径大于立杆直径 10cm 左右。这样有利于调整和固定立杆的位置。

(3) 竖立杆　先竖里排脚手架两头的立杆，再竖中间的立杆。外排立杆按里排立杆的竖立顺序竖立，立杆纵横方向校垂直，在底部加绑扫地杆后将杆坑填平、夯实。

(4) 绑大横杆　绑扎第一步架的大横杆前，应先检查立柱是否埋正、埋牢。绑大横杆时，与一步架大横杆的大头朝向应一致，上下相邻两步架的大头朝向要相反，以增强脚手架的稳定性。

(5) 绑小横杆　小横杆绑在大横杆上，相邻两根小横杆的大头朝向应相反，上下两排小横杆应绑在立柱的不同侧面，小横杆伸出立柱部分长度不得小于300mm。

(6) 绑抛撑　脚手架搭设至三步架以上时，应及时绑抛撑。在此以前脚手架要用临时支撑加以固定，以免脚手架外倾或倒塌。抛撑每7根立柱设一道，与地面夹角为45°，其底脚埋入土内的深度不得小于30cm。

(7) 绑斜撑或剪刀撑　木脚手架绑扎到三步架时必须绑斜撑或剪刀撑。剪刀撑的间距不得超过7根立柱的间距，第一道剪刀撑的下端要落地。

脚手架高度超过7m时，应随搭设设置连墙点，将脚手架与结构连成整体，整体脚手架向里倾斜度为1%，全高倾斜不得大于150mm，严禁向外倾斜。

(8) 铺脚手板　脚手板必须满铺，对头铺设的脚手板，其接头下边应设两根小横杆，脚手板悬空部分不得大于100mm，严禁铺探头板。搭接铺放的脚手板，接头必须在小横杆上，搭设长度为200～300mm。脚手架两端的脚手板和靠墙的脚手板必须用8号钢丝绑牢。

(9) 搭设安全网　按照《建筑施工安全网搭设安全技术规范》进行。

绑扎钢丝的断料长度应根据绑扎杆件的粗细和部位确定，一般断料长度为1.4～1.6m，并将断料从中间弯折，其中间鼻孔的直径一般为1.5cm左右。

木脚手架一般有三种绑扎方法：平插绑扎法、斜插绑扎法和顺扣绑扎法。针对木杆不同的连接方式采取相应的绑扎方法。

用木脚手架搭设的单、双排外脚手架的构造要求、搭拆要点和质量要求同扣件式钢管脚手架。

（二）竹 脚 手 架

选用生长期 3 年以上的毛竹或楠竹的竹杆为主要杆件，采用竹篾、钢丝、塑料篾绑扎而成的脚手架，称为竹脚手架。广泛用于南方地区搭设高度不超过 25m 的砌筑脚手架和装饰脚手架，搭设高度为 25～35m 时，20m 以下部分应设双立杆。

双排外脚手架的搭设顺序为：根据预定的搭设方案放立杆(位置)线→挖立杆坑→竖立杆→绑大横杆→绑小横杆→铺脚手板→绑栏杆→绑抛撑、斜撑、剪刀撑等→设置连墙点→搭设安全网。

多立杆竹脚手架的构造要求、绑扎方法、搭拆要点和质量要求同木脚手架。

（三）烟囱、水塔外脚手架

烟囱、水塔是构筑物，有独特的形状，施工用脚手架是有特殊要求的落地式脚手架。

烟囱外脚手架一般用钢管搭设而成，适用于高度在 45m 以下，上口直径小于 2m 的中、小型砌筑烟囱。当烟囱直径超过 2m，高度超过 45m 时，一般采用井架提升平台施工。

1. 烟囱外脚手架的基本形式

烟囱呈圆锥形，高度较高，施工脚手架的形式应根据烟囱的体形、高度、搭设材料等确定。

(1) 扣件式钢管烟囱脚手架

扣件式钢管烟囱外脚手架一般搭设成正方形或正六边形

（图 7-1）。

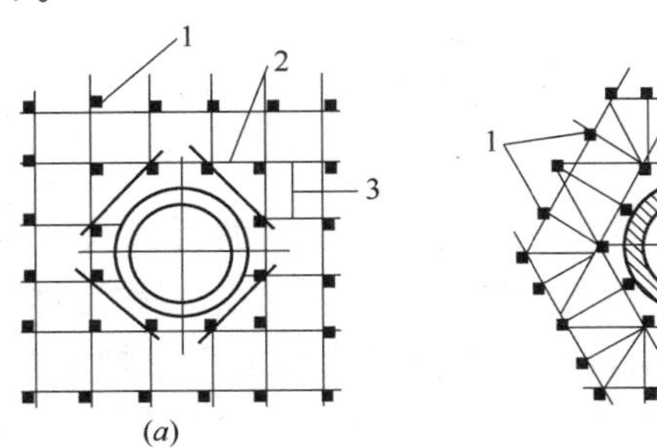

图 7-1　扣件式烟囱外脚手架

1—立杆；2—大横杆；3—小横杆

（2）碗扣式钢管烟囱脚手架

碗扣式钢管烟囱脚手架一般搭设成正六边形或正八边形（图 7-2）。

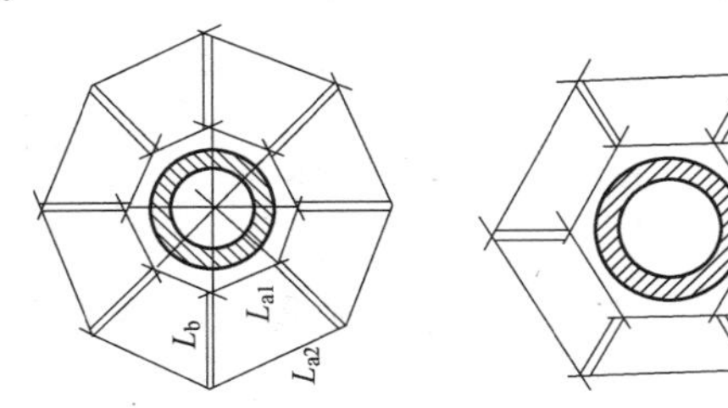

图 7-2　碗扣式烟囱脚手架

（3）门式钢管烟囱脚手架

门式钢管烟囱脚手架一般搭设成正八边形形式（图 7-3）

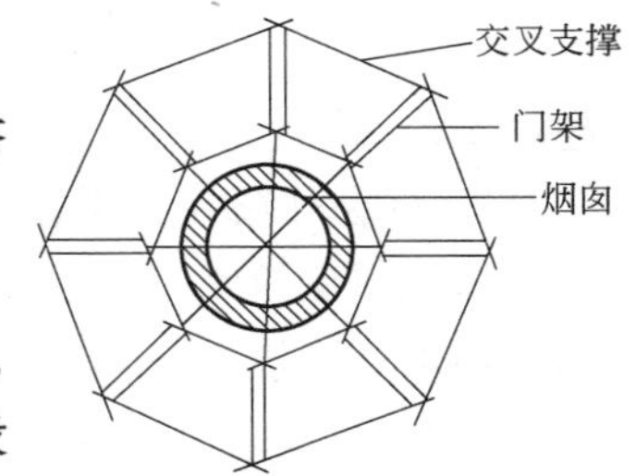

图 7-3　门式钢管烟囱脚手架

2. 水塔外脚手架的基本形式

水塔的下部塔身为圆柱体，上部水箱凸出塔身，施工时一般搭设落地脚手架，其构造形式平面一般采用正方形、正六边形加上挑或正六边形放里立杆（图 7-4）。根据设计要求、施工要求、水塔的水箱直径大小及形状，可搭设成上挑式（图 7-5*a*）或直通式（图 7-5*b*）形式。

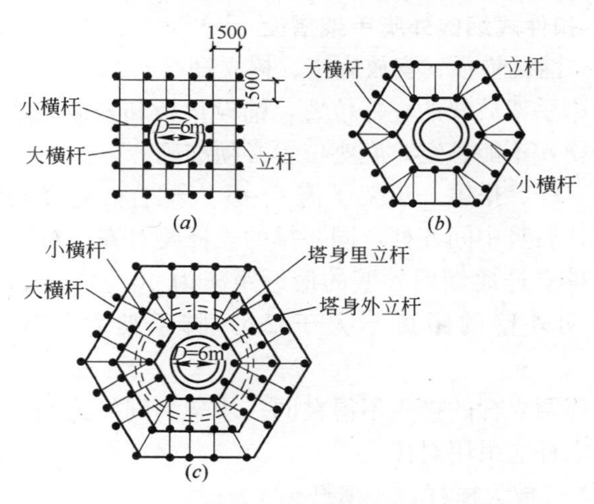

图 7-4　水塔外脚手架的平面布置形式

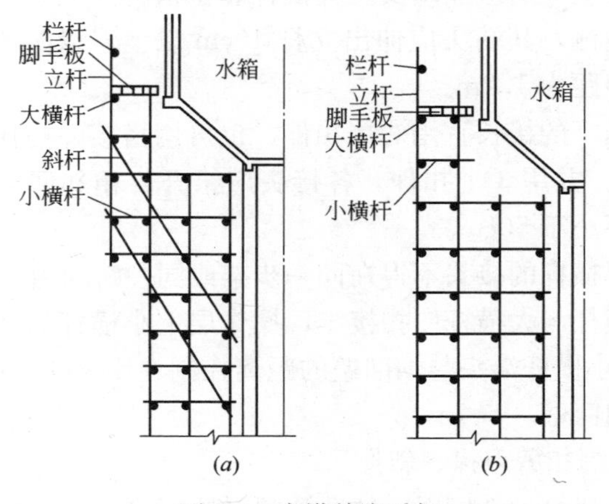

图 7-5　水塔外脚手架

一般情况下，正方形的水塔外脚手架的每边立杆为 6 根；正六边形水塔外脚手架的每边里排立杆为 3～4 根，外挑立杆 5～6 根。

3. 扣件式烟囱外脚手架搭设

（1）铺设垫板、安放底座、树立杆

按脚手架放线的立杆位置，铺设垫板和安放底座。垫板应铺平稳，不能悬空，底座位置必须准确。

竖立杆、搭第一步架子需 6～8 人配合，先竖各转角处的立杆，后竖中间各杆，同一排的立杆要对齐、对正。

里排立杆离烟囱外壁的最近距离为 40～50cm，外排立杆距烟囱外壁的距离不大于 2m，脚手架立杆纵向间距为 1.5m。

相邻两立杆的接头不得在同一步架、同一跨间内，扣件式钢管立杆应采用对接。

（2）安放大横杆、小横杆

立杆竖立后应立即安装大横杆和小横杆。大横杆应设置在立杆内侧，其端头应伸出立杆 10cm 以上，以防滑脱，脚手架的步距为 1.2m。

大横杆的接长宜用对接扣件，也可用搭接。搭接长度不小于 1m，并用 3 个扣件。各接头应错开，相邻两接头的水平距离不小于 50cm。

相邻横杆的接头不得在同一步架或同一跨间内。

小横杆与大横杆应扣接牢，操作层上小横杆的间距不大于 1m。小横杆端头与烟囱壁的距离控制在 10～15cm，不得顶住烟囱筒壁。

（3）绑扣剪刀撑、斜撑

脚手架每一外侧面应从底到顶设置剪刀撑，当脚手架每搭设 7 步架时，就应及时搭装剪刀撑、斜撑。剪刀撑的一根杆与立杆扣紧，另一根应与小横杆扣紧，这样可避免钢管扭弯。剪刀撑、斜撑一般采用搭接，搭接长度不小于 50cm。斜撑两端的扣件离立杆节点的距离不宜大于 20cm。

最下一道斜撑、剪刀撑要落地，与地面的夹角不大于 60°。最下一对剪刀撑及斜撑与立杆的连接点离地面距离应不大于 50cm。

（4）安缆风绳

15m 以内的烟囱脚手架应在各顶角处设一道缆风绳；

15～25m 的烟囱脚手架应在各顶角及中部各设置一道缆风绳；

25m 以上烟囱脚手架根据情况增置缆风绳。

缆风绳一律采用不小于 12.5mm 的钢丝绳，与地面的夹角为 45°～60°，必须单独牢固地拴在地锚上，严禁将缆风绳拴在树干上或电线杆上。若用花篮螺丝调节松紧度，应注意调节必须交错进行。

（5）设置栏杆安全网、脚手板

10 步以上的脚手架，操作层上应设两道护身栏杆和不小于 180mm 高的挡脚板。并在栏杆上挂设安全网。

每 10 步架要铺一层脚手板，满铺、铺严，铺设平整。在烟囱高度超过 10m 时，脚手板下方需要加铺一层脚手板，并随每步架上升。

对扣件式钢管烟囱脚手架，必须控制好扣件的紧、松程度，扣件螺栓扭力矩以达到 4～5kN·m 为宜，最大不得超过 6.5kN·m。

4. 水塔外脚手架搭设

水塔外脚手架搭设的施工准备、搭设顺序、搭设要求与搭设烟囱外脚手架相同，但应注意：

（1）上挑式脚手架的上挑部分应按挑脚手架的要求搭设。

（2）直通式脚手架，脚手架下部为三排或多排，搭至水塔部位时改为双排脚手架，其里排立杆应离水箱外壁45～50cm。

（3）脚手架每边外侧必须设置剪刀撑，并且要求从底部到顶连续布置。在脚手架转角处设置斜撑和抛撑。

5. 烟囱、水塔外脚手架拆除

（1）拆除顺序

构筑物外脚手架的拆除顺序与搭设顺序相反，同其他脚手架的拆除一样，都应遵循先搭设的后拆除、后搭设的先拆除，自上而下的原则。

一般拆除顺序为：

拆除立挂安全网→拆除护身栏杆→拆挡脚板→拆脚手板→拆小横杆→拆除顶端缆风绳→拆除剪刀撑→拆除大横杆→拆除立杆→拆除斜撑和抛撑(压栏子)。

（2）脚手架拆除

拆除构筑物脚手架必须按上述顺序，由上而下一步一步地依次进行，严禁用拉倒或推倒的方法。

注意事项除前述规定外，还要注意拆除缆风绳应由上而下拆到缆风绳处才能对称拆除，并且拆除前，必须先在适当位置作临时拉结或支撑，严禁随意乱拆。

（四）附着升降脚手架

凡采用附着于工程结构、依靠自身提升设备实现升降的悬空脚手架，统称为附着升降脚手架。由于它具有沿工程结构爬升(降)的状态属性，因此，也可称为“爬升脚手架”或简称“爬架”。

1. 附着升降脚手架的工作原理和类型

(1) 附着升降脚手架的工作原理

附着升降脚手架是指预先组装一定高度(一般为四层高)脚手架，将其附着在建筑工程结构的外侧，当一层主体结构施工完后，利用自身的提升设备，从下至上提升一层，施工上一层主体。在工程装饰装修阶段，再从上至下装修一层下降一层，直至装修施工完毕。附着升降脚手架可以整体提升，也可分段提升。比落地式脚手架大大节省工料。

附着升降脚手架系在挑、吊、挂脚手架的基础上增加升降功能所形成并发展起来的，是具有较高技术含量的高层建筑脚手架。操作条件大大优于单独使用的各式吊篮，所以具有良好的经济效益和社会效益。当建筑物的高度在 80m 以上时，其经济性则更为显著。现今已成为高层建筑施工外脚手架的主要形式。

(2) 附着升降脚手架的类型

1) 按附着支承方式划分

附着支承是将脚手架附着于工程边侧结构(墙体、框架)之侧并支承和传递脚手架荷载的附着构造，按附着支承方式可划分成以下 7 种，如图7-6所示。

① 套框(管)式附着升降脚手架。即由交替附着于墙体结构的固定框架和滑动框架(可沿固定框架滑动)构成的附着升降脚手架。

② 导轨式附着升降脚手架。即架体沿附着于墙体结构的导轨升降的脚手架。

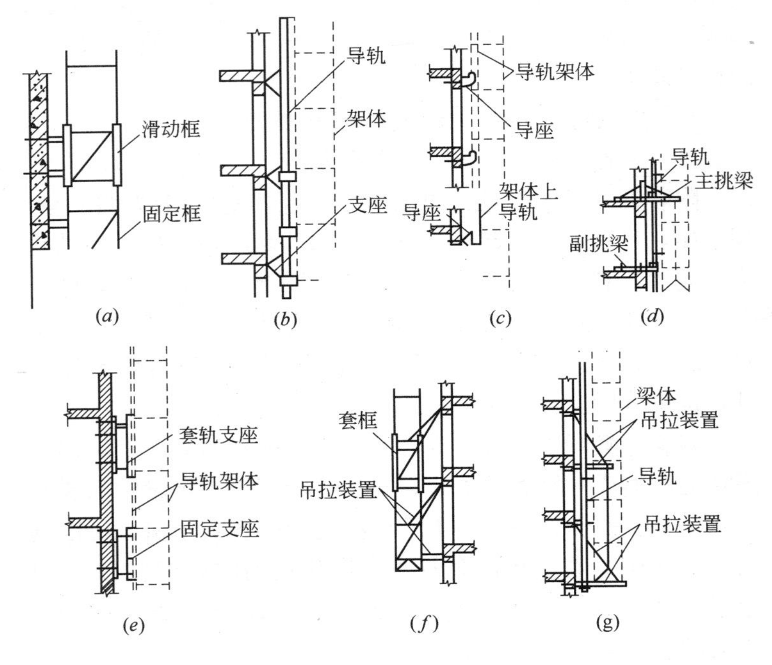

图 7-6　附着支承结构的 7 种形式示意

(*a*)套框式；(*b*)导轨式；(*c*)导座式；(*d*)挑轨式；
(*e*)套轨式；(*f*)吊套式；(*g*)吊轨式

③ 导座式附着升降脚手架。即带导轨架体沿附着于墙体结构的导座升降的脚手架。

④ 挑轨式附着升降脚手架。即架体悬吊于带防倾导轨的挑梁带(固定于工程结构的)下并沿导轨升降的脚手架。

⑤ 套轨式附着升降脚手架。即架体与固定支座相连并沿套轨支座升降、固定支座与套轨支座交替与工程结构附着的升降脚手架。

⑥ 吊套式附着升降脚手架。即采用吊拉式附着支承的、架体可沿套框升降的附着升降脚手架。

⑦ 吊轨式附着升降脚手架。即采用设导轨的吊拉式附着支承、架体沿导轨升降的脚手架。

2）按升降方式划分

附着升降脚手架都是由固定、或悬挂、吊挂于附着支承上的各节(跨)3～7层(步)架体所构成，按各节架体的升降方式可划分为：

① 挑梁式附着升降脚手架。以固定在结构上的挑梁为支点来升降附着升降脚手架。原理见图7-7。

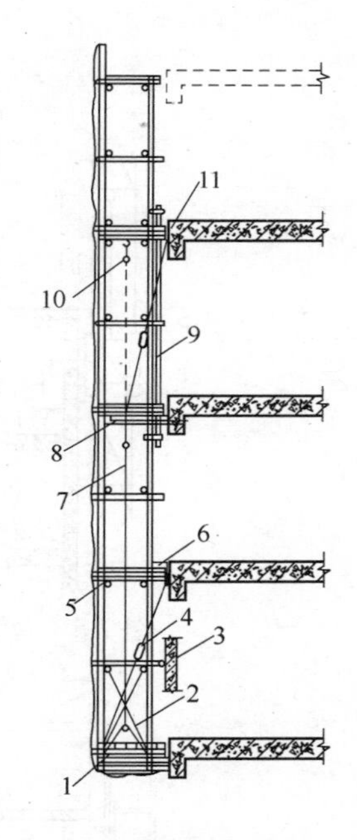

图7-7　挑梁式附着升降脚手架升降原理

1—承力托盘；2—承力桁架；3—导向轮；4—可调拉杆；5—脚手板；6—连墙件；7—提升设备；8—提升梁架；9—导向轨；10—小葫芦；11—导轨滑套

② 套管式附着升降脚手架。通过固定框和活动框的交替升降来带动架体结构升降的附着升降脚手架。原理见图7-8。

③ 导轨式附着升降脚手架。将导轨固定在建筑物上，架体结构沿导轨升降的附着升降脚手架。原理见图7-9。

④ 互爬式附着升降脚手架。即相邻架体互为支托并交替提升(或落下)的附着升降脚手架。

互爬升降的附着升降脚手架的升降原理(图7-10)是，每一个单元脚手架单独提升，当提升某一单元时，先将提升葫芦的吊钩挂在与被提升单元相邻的两架体上，提升葫芦的挂

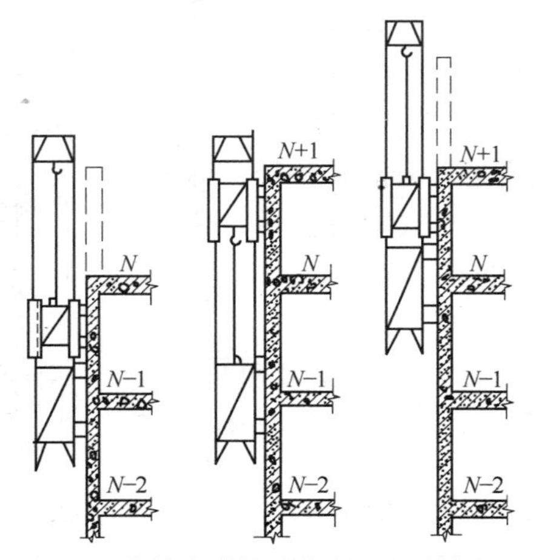

图 7-8　套管式附着升降脚手架升降原理

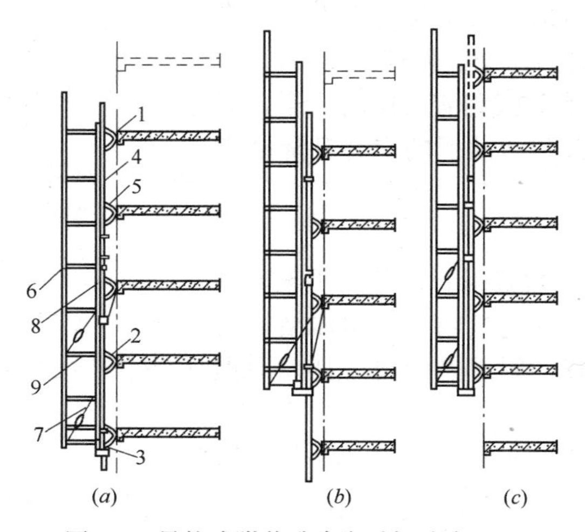

图 7-9　导轨式附着升降脚手架升降原理

(a)爬升前；(b)爬升后；(c)再次爬升前

1—连接挂板；2—连墙件；3—连墙件座；4—导轨；5—限位锁；6—脚手架；7—斜拉钢丝绳；8—立杆；9—横杆

钩则钩住被提升单元底部，解除被提升单元约束，操作人员站在两相邻的架体上进行升降操作。当该升降单元升降到位后，将其与建筑物固定好，再将葫芦挂在该单元横梁上，进行与之相邻的脚手架单位的升降操作。相隔的单元脚手架可同时进行升降操作。

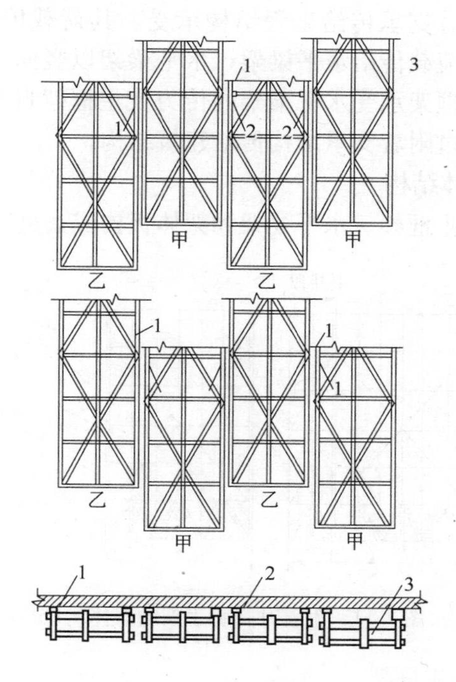

图 7-10　互爬式脚手架原理

1—连墙支座；2—提升横梁；3—提升单元；4—手拉葫芦

2. 附着升降脚手架的构造与装置

附着升降脚手架实际上是把一定高度的落地式脚手架移到了空中，脚手架一般搭设四个标准层高再加上一步护身栏杆为架体的总高度。架体由承力构架支承，并通过附着装置与工程结构连接。所以附着升降脚手架的组成应包括：架体结构、附着支承装置、提升机构和设备、安全装置和控制系统几个部分。

附着升降脚手架属侧向支承的悬空脚手架，架体的全部荷载通过附着支承传给工程结构承受。其荷载传递方式为：架体的竖向荷载传给水平梁架，水平梁架以竖向主框架为支座，竖向主框架承受水平梁架的传力及主框架自身荷载，主框架荷载通过附着支承结构传给建筑结构。

（1）架体结构

由竖向主框架、水平梁架和架体板构成，见图 7-11。

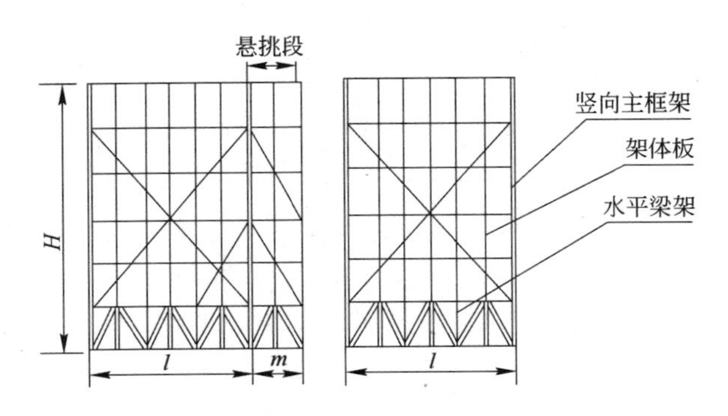

图 7-11 附着升降脚手架的架体构成

1）竖向主框架

竖向主框架是脚手架的重要构件，它构成架体结构的边框架，与附着支承装置连接，并将架体荷载传给工程主体结构。

2）水平梁架

水平梁架一般设于底部，承受架体板传下来的架体荷载并将其传给竖向主框架，要求采用定型焊接或组装的型钢桁架结构。不准采用钢管扣件连接。

里外两片相邻水平梁架的上下弦两端应加设水平剪刀撑，以增加整体刚度。

主框架、水平梁架各节点中，各杆件轴线应汇交于一点。

3）架体板

除竖向主框架和水平梁架的其余架体部分称为“架体板”。

脚手架架体可采用碗扣式或扣件式钢管脚手架，其搭设方法和要求与常规搭设基本相同。双排脚手架的宽度为0.9～1.1m，应符合架体宽度不大于1.2m。

脚手架的立杆可按1.5m设置，扣件的紧固力矩40～50N·m，并按规定设置防倾装置。架体外立面必须沿全高设置剪刀撑。剪刀撑跨度不得大于6.0m，水平夹角为45°～60°，并应将竖向主框架、架体水平梁架和架体板连成一体。当有悬挑段时，整体式附着升降脚手架架体的悬挑长度不得大于1/2水平支承跨度和3m；单片式附着升降脚手架架体的悬挑长度不应大于1/4水平支承跨度；并以竖向主框架为中心，成对设置斜拉杆(应靠近悬挑梁端部)，斜拉杆水平夹角不小于45°，确保悬挑段的传载和安全工作要求。

（2）附着支承

附着支承是附着升降脚手架的主要承载传力装置。附着升降脚手架在升降和到位后的使用过程中，都是靠附着支承附着于工程结构上来实现其稳定的。附着支承有三个作用：可靠地承受和传递架体荷载，把主框架上的荷载可靠地传给工程结构；保证架体稳定地附着在工程结构上，确保施工安全；满足提升、防倾、防坠装置的要求，包括能承受坠落时的冲击荷载。

附着支承与工程结构每个楼层都必须设连接点，架体主框架沿竖向侧，架体在任何状态(使用、上升或下降)下，确保架体竖向主框架能够单独承受该跨全部设计荷载和防止坠落与倾覆作用的附着支承构造均不得少于两套。支承构造应拆装顺利，上下、前后、左右三个方向应具有对施工误差的可以调节的措施，以避免出现过大的安装应力和变形。

附着支承或钢挑梁与工程结构的连接质量必须符合设计要求。做到严密、平整、牢固；对预埋件或预留孔应按照节点大样图做法及位置逐一进行检查，并绘制分层检测平面图，记录各层各点的检查结果和加固措施。

(3) 提升机构和设备

目前脚手架的升降装置有四种：手动葫芦、电动葫芦、专用卷扬机、穿芯液压千斤顶。最常用的是电动葫芦。使用手动葫芦最多只能同时使用两个吊点的单跨脚手架的升降。

按规定，升降必须有同步装置控制。可以说，设置防坠装置是属于保险装置，而设置同步装置则是主动的安全装置。

同步升降装置应该具备自动显示、自动报警和自动停机功能。操作人员随时可以看到各吊点显示的数据，为升降作业的安全提供可靠保障。同步装置应从保证架体同步升降和监控升降荷载的双控方法来保证架体升降的同步性，即通过控制各吊点的升降差和承载力两个方面进行控制，来达到升降的同步避免发生超载。升降时控制各吊点同步差在 3cm 以内；吊点的承载力应控制在额定承载力的 80%。当实际承载力达到和超过额定承载力的 80%时，该吊点应自动停止升降，防止发生超载。

（4）安全装置和控制系统

附着升降脚手架的安全装置包括防坠和防倾装置。以防止脚手架在升降情况下发生断绳、折轴等故障造成坠落事故以及保障在升降情况下，脚手架不发生倾斜、晃动。

防倾采用防倾导轨及其他适合的控制架体水平位移的构造。为了防止架体在升降过程中，发生过度的晃动和倾覆，必须在架体每侧沿竖向设置 2 个以上附着支承和升降轨道，以控制架体的晃动不大于架体全高的 1/200 和不超过 60mm。防倾斜装置必须具有可靠的刚度，必须与竖向主框架、附着支承结构或工程结构做可靠连接，连接方法可采用螺栓连接，不准采用钢管扣件或碗扣连接。竖向两处防倾斜装置之间距离不能小于 1/3 架体全高，控制架体升降过程中的倾斜度和晃动的程度，在两个方向（前后、左右）均不超过 3m。防倾斜装置轨道与导向装置间隙应小于 5mm，在架体升降过程中始终保持水平约束，确保升降状态的稳定和安全不倾翻。

防坠装置则为防止架体坠落的装置。即在升降或使用过程中一旦因断链（绳）等造成架体坠落时，能立即动作，及时将架体制停在附着支承或其他可靠支承结构上，避免发生伤亡事故。防坠装置的制动有棘轮棘爪、楔块斜面自锁、摩擦轮斜面自锁、模块套管、偏心凸轮、摆针等多种类型，一般都能达到制停的要求。

（5）脚手板

1）附着式升降脚手架为定型架体，故脚手板应按每层架体间距合理铺设，铺满铺严，无探头板并与架体固定绑牢。有钢丝绳穿过处的脚手板，其孔洞应规则，不能留有过大洞口。人员上下各作业层应设专用通道和扶梯。

2）架体升降时底层脚手板设置可折起的翻板构造，保持架体底层脚手板与建筑物表面在升降和正常使用中的间隙，作业时必须封严，防止物料坠落。

3）脚手架板材质量符合要求，应使用厚度不小于5cm的木板或专用钢制板网，不准用竹脚手板。

（6）物料平台

物料平台必须单独设置，将其荷载独立地传递给工程结构。平台各杆件不得以任何形式与附着升降脚手架相连接，物料平台所在跨的附着升降脚手架应单独升降，并采取加强措施。

（7）防护措施

1）脚手架外侧用密目安全网（≥800目/100cm^2）封闭，安全网的搭接处必须严密并与脚手架可靠固定。

2）各作业层都应按临边防护的要求设置上、下两道防护栏杆（上杆高度1.2m，下杆高度0.6m）和挡脚板（高度180mm）。

3）最底部作业层的脚手板必须铺设严密，下方应同时采用密目安全网及平网挂牢封严，防止落人落物。

4）升降脚手架下部、上部建筑物的门窗及孔洞，也应进行封闭。

5）单片式和中间断开的整体式附着升降脚手架，在使用工况下，其断开处必须封闭并加设栏杆；在升降工况下，架体开口处必须有可靠的防止人员及物料坠落的措施。

附着升降脚手架在升降过程中，必须确保升降平稳。在使用过程中，应每月进行一次全面安全检查，不合格部位应立即改正。

当附着升降脚手架预计停用超过一个月时，停用前采取加固措施。

当附着升降脚手架停用超过一个月或遇六级以上大风后复工时，必须按要求进行检查。

螺栓连接件、升降动力设备、防倾装置、防坠装置、电控设备等应至少每月维护保养一次。

遇五级(含五级)以上大风和大雨、大雪、浓雾和雷雨等恶劣天气时，禁止进行升降和拆卸作业。并应预先对架体采取加固措施。夜间禁止进行升降作业。

（五）卸 料 平 台

在多层和高层建筑施工中，经常需要搭设卸料平台，将无法用井架或电梯提运的大件材料、器具和设备用塔式起重机先吊运至卸料平台上后，再转运至使用地点。卸料平台按其悬挑方法有三种：悬挂式、斜撑式和脚手式，如图 7-12 所示。

对排钢管脚手架需设吊物卸料平台时，应按单独的设计计算书和搭设方案进行搭设，并应与脚手架、井架断开，有单独的支撑系统。

双排钢管脚手架吊物卸料平台应用型钢做支撑，预埋在建筑物内，不得采用钢管搭设。平台铺设厚 4cm 以上木板，并设防滑条。临边设置高 1.2m 防护栏杆和高 30cm 踢脚杆，要有合格的密目式安全网围护。

卸料平台的规格应根据施工中运输料具、设备等的需要并经过验算确定，一般卸料平台的宽度为 2～4m，悬挑长度为 3～6m。根据规范规定，由于卸料平台的悬挑长度和所受

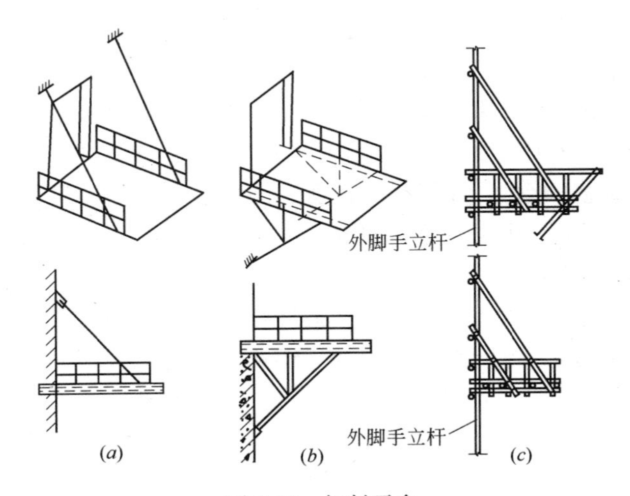

图 7-12 卸料平台

(a)悬挂式；(b)斜撑式；(c)脚手式

荷载都要比挑脚手架大得多，因此在搭设之前要先进行设计和验算，并要按设计要求进行加工和安装。

在搭设卸料平台时，注意事项如下：

1）卸料平台应设置在窗口部位，要求台面与楼板取平或搁置在楼板上。

2）要求上、下层的卸料平台在建筑物的垂直方向上必须错开布置，不得搭设在同一平面位置内，以免下面的卸料平台阻碍上一层卸料平台吊运材料。

3）要求在卸料平台的三面均应设置防护栏杆。当需要吊运长料时，可将外端部做成格栅门，运长料时可将其打开。

4）运料人员或指挥人员进入卸料平台时，必须要有可靠的安全措施，如：必须挂牢安全带和戴好安全帽。

5）卸料平台搭设好后，必须经技术人员和专职安全员检查验收合格后，方可进行使用。

6）卸料平台在使用期间，必须加强管理，应指挥专人负责检查。发现有安全隐患时，要立即停止使用，以防止发生重大安全事故。

7）卸料平台在使用过程中，必须严格控制上料数量，不得超过设计允许承载能力，必须设置限载牌，还应经常检查吊索、吊环、花篮螺丝、挂钩、撑杆等。如果有不符合要求的配件，应及时修理或更换。

8）施工中不再需要时应及时拆除，补搭设好相关脚手架杆件，并张挂安全网。

八、模板支撑架

模板支撑架是用于建筑物的现浇混凝土模板支撑的负荷架子，承受模板、钢筋、新浇捣的混凝土和施工作业时的人员、工具等的重量，其作用是保证模板面板的形状和位置不改变。

模板支撑架通常采用脚手架的杆（构）配件搭设，按脚手架结构计算。

（一）脚手架结构模板支撑架的类别和构造要求

1. 模板支撑架的类别

用脚手架材料可以搭设各类模板支撑架，包括梁模、板模、梁板模和箱基模等，并大量用于梁板模板的支架中。在板模和梁板模支架中，支撑高度＞4.0m 者，称为“高支撑架”，有早拆要求及其装置者，称为“早拆模板体系支撑架”。按其构造情况可作以下分类：

（1）按构造类型划分

1）支柱式支撑架（支柱承载的构架）；

2）片（排架）式支撑架（由一排有水平拉杆联结的支柱形成的构架）；

3）双排支撑架（两排立杆形成的支撑架）；

4）空间框架式支撑架（多排或满堂设置的空间构架）。

（2）按杆系结构体系划分

1）几何不可变杆系结构支撑架（杆件长细比符合桁架规定，竖平面斜杆设置不小于均占两个方向构架框格的 1/2 的构架）；

2）非几何不可变杆系结构支撑架（符合脚手架构架规定，但有竖平面斜杆设置的框格低于其总数 1/2 的构架）。

（3）按支柱类型划分

1）单立杆支撑架；

2）双立杆支撑架；

3）格构柱群支撑架（由格构柱群体形成的支撑架）；

4）混合支柱支撑架（混用单立杆、双立杆、格构柱的支撑架）。

（4）按水平构架情况划分

1）水平构造层不设或少量设置斜杆或剪刀撑的支撑架；

2）有一或数道水平加强层设置的支撑架，又可分为：

① 板式水平加强层（每道仅为单层设置，斜杆设置≥1/3 水平框格）；

② 桁架式水平加强层（每道为双层，并有竖向斜杆设置）。

此外，单双排支撑架还有设附墙拉结（或斜撑）与不设之分，后者的支撑高度不宜大于 4m。支撑架的所受荷载一般为竖向荷载，但箱基模板（墙板模板）支撑架则同时受竖向和水平荷载作用。

2. 模板支撑架的设置要求

支撑架的设置应满足可靠承受模板荷载，确保沉降、变形、位移均符合规定，绝对避免出现坍塌和垮架的要求，并应特别注意确保以下三点：

（1）承力点应设在支柱或靠近支柱处，避免水平杆跨中受力；

（2）充分考虑施工中可能出现的最大荷载作用，并确保其仍有两倍的安全系数；

（3）支柱的基底绝对可靠，不得发生严重沉降变形。

（二）扣件式钢管支撑架

扣件式钢管支撑架采用扣件式钢管脚手架的杆、配件搭设。

1. 施工准备

（1）扣件式钢管支撑架搭设的准备工作，如场地清理平整等均与扣件式钢管脚手架搭设时相同。

（2）立杆布置

扣件式钢管支撑架立杆的构造基本同扣件式钢管脚手架立杆的规定。立杆间距一般应通过计算确定。通常取1.2～1.5m，不得大于8m。对较复杂的工程，应根据建筑结构的主、次梁和板的布置，模板的配板设计、装拆方式，纵横楞的安排等情况，画出支撑架立杆的布置图。

2. 支撑架搭设

搭设方法基本同扣件式钢管外脚手架。板等满堂模板支架，在四周应设包角斜撑，四侧设剪刀撑，中间每隔四排立杆沿竖向设一道剪刀撑，所有斜撑和剪刀撑均须由底到顶连续设置。在垂直面设有斜撑和剪刀撑的部位，顶层、底层及每隔两步应在水平方向设水平剪刀撑。剪刀撑的构造同扣件式钢管外脚手架。

（1）立杆的接长

扣件式支撑架的高度可根据建筑物的层高而定。立杆的接长，可采用对接或搭接连接。

支撑架立杆采用对接扣件连接时，在立杆的顶端安插一个顶托，被支撑的模板荷载通过顶托直接作用在立杆上。

搭接连接采用回转扣件(搭接长度不得小于600mm)。模板上的荷载作用在支撑架顶层的横杆上，再通过扣件传到立杆。

支架立杆应竖直设置，2m高度的垂直允许偏差为15mm。设在支架立杆根部的可调底座，当其伸出长度超过300mm时，应采取可靠措施固定。

当梁模板支架立杆采用单根立杆时，立杆应设在梁模板中心线处，其偏心距不应大于25mm。

(2) 水平拉结杆设置

为加强扣件式钢管支撑架的整体稳定性，在支撑架立杆之间纵、横两个方向必须设置扫地杆和水平拉结杆。各水平拉结杆的间距(步高)一般不大于1.6m。

(3) 斜杆设置

为保证支撑架的整体稳定性，在设置纵、横向水平拉结杆同时，还必须设置斜杆，具体搭设时可采用刚性斜撑或柔性斜撑。

刚性斜撑以钢管为斜撑，用扣件将它们与支撑架中的立杆和水平杆连接。

柔性斜撑采用钢筋、钢丝、铁链等材料，必须交叉布置，并且每根拉杆中均要设置花篮螺丝以保证拉杆不松弛。

（三）碗扣式钢管支撑架

碗扣式钢管支撑架采用碗扣式钢管脚手架系列构件搭

设。目前广泛应用于现浇钢筋混凝土墙、柱、梁、楼板、桥梁、地道桥和地下行人道等工程。

在高层建筑现浇混凝土结构施工中，常将碗扣式钢管支撑架与早拆模板体系配合使用。

1. 碗扣式钢管支撑架构造

(1) 一般碗扣式支撑架

用碗扣式钢管脚手架系列构件可以根据需要组装成不同组架密度、不同组架高度的支撑架，其一般组架结构见图 8-1。由立杆垫座(或立杆可调座)、立杆、顶杆、可调托撑以及横杆和斜杆(或斜撑、剪刀撑)等组成。使用不同长度的横杆可组成不同立杆间距的支撑架，基本尺寸见表 8-1，支撑架中框架单元的框高应根据荷载等因素进行选择。当所需要的立杆间距与标准横杆长度(或现有横杆长度)不符时，可采用两组或多组组架交叉叠合布置，横杆错层连接(图 8-2)。

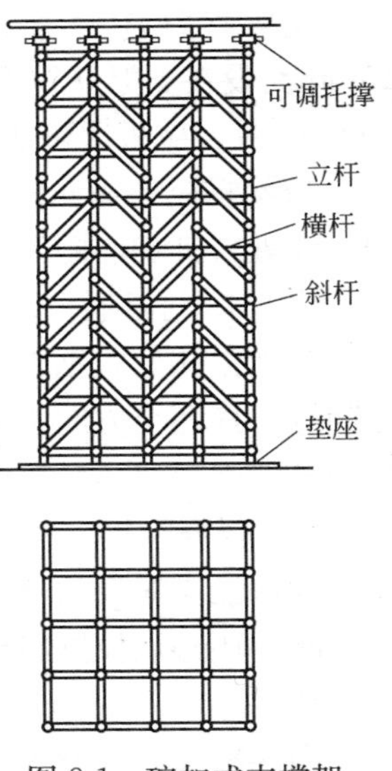

图 8-1　碗扣式支撑架

碗扣式钢管支撑架框架单元基本尺寸表　　表 8-1

类型	A型	B型	C型	D型	E型
基本尺寸(m)(框长×框宽×框高)	1.8×1.8×1.8	1.2×1.2×1.8	1.2×1.2×1.2	0.9×0.9×1.2	0.9×0.9×0.6

(2) 带横托撑(或可调横托撑)支撑架

如图 8-3 所示，可调横托座既可作为墙体的侧向模板支撑，又可作为支撑架的横(侧)向限位支撑。

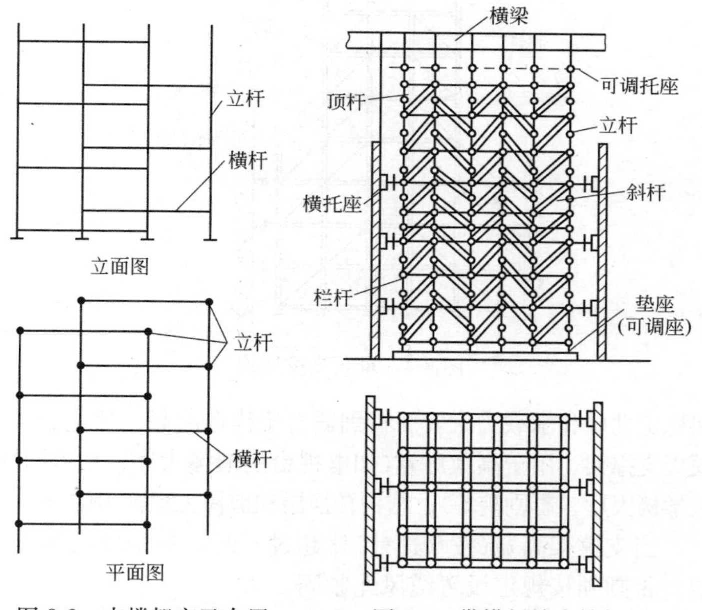

图 8-2　支撑架交叉布置　　图 8-3　带横托撑支撑架

（3）底部扩大支撑架

对于楼板等荷载较小，但支撑面积较大的模板支架，一般不必把所有立杆连成整体，可分成几个独立支架，只要高宽(以窄边计)比小于 3∶1 即可，但至少应有两跨连成一整体。对一些重载支撑架或支撑高度较高(大于 10m)的支撑架，则需把所有立杆连成一整体，并根据具体情况适当加设斜撑、横托撑或扩大底部架(图 8-4)，用斜杆将上部支撑架的荷载部分传递到扩大部分的立杆上。

（4）高架支撑架

碗扣支撑架由于杆件轴心受力、杆件和节点间距定型、整

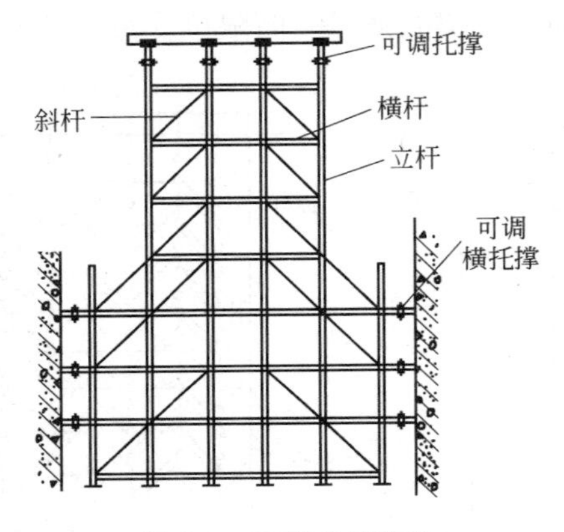

图 8-4　重载支撑架构

架稳定性好和承载力大，而特别适合于构造超高、超重的梁板模板支撑架，用于高大厅堂(如电视台的演播大厅、宾馆门厅、教学楼大厅、影剧院等)、结构转换层和道桥工程施工中。

当支撑架高宽(按窄边计)比超过 5 时，应采取高架支撑架，否则须按规定设置缆风绳紧固。

(5) 支撑柱支撑架

当施工荷载较重时，应采用图 8-5 所示碗扣式钢管支撑

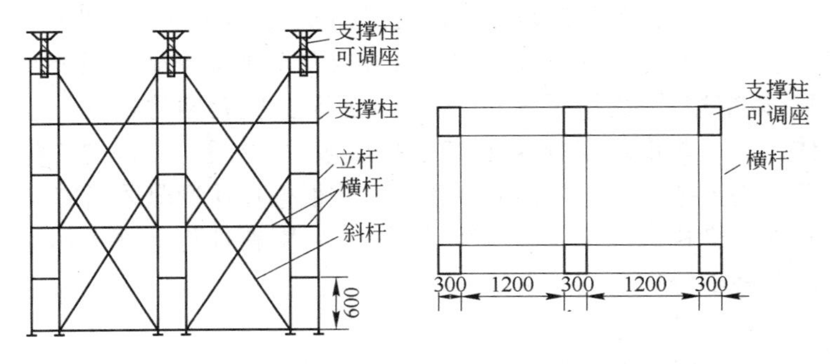

图 8-5　支撑柱支撑架构造

柱组成的支撑架。

2. 碗扣式钢管支撑架搭设

（1）施工准备

1）根据施工要求，选定支撑架的形式及尺寸，画出组装图。

2）按支撑架高度选配立杆、顶杆、可调底座和可调托座，列出材料明细表。

3）支撑架地基处理要求以及放线定位、底座安放的方法均与碗扣式钢管脚手架搭设的要求及方法相同。除架立在混凝土等坚硬基础上的支撑架底座可用立杆垫座外，其余均应设置立杆可调底座。在搭设与使用过程中，应随时注意基础沉降；对悬空的立杆，必须调整底座，使各杆件受力均匀。

（2）支撑架搭设

1）树立杆

立杆安装同脚手架。第一步立杆的长度应一致，使支撑架的各立杆接头在同一水平面上，顶杆仅在顶端使用，以便能插入底座。

2）安放横杆和斜杆

横杆、斜杆安装同脚手架。在支撑架四周外侧设置斜杆。斜杆可在框架单元的对角节点布置，也可以错节设置。

3）安装横托撑

横托撑可用作侧向支撑，设置在横杆层，并两侧对称设置。如图8-6，横托撑一端由碗扣接头同横杆、支座架连接，另一端插上可调

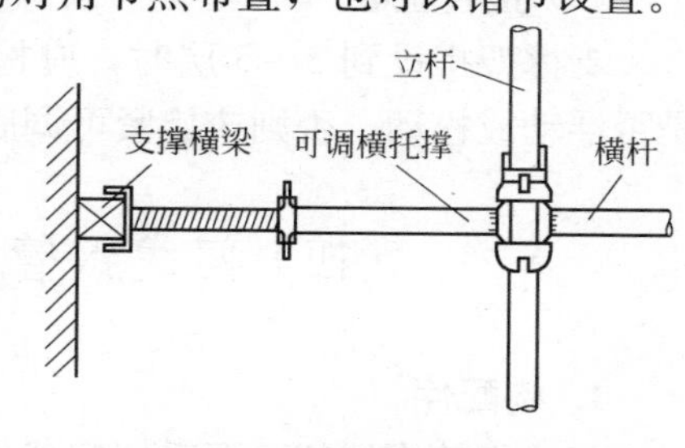

图 8-6　横托撑示意图

托座，安装支撑横梁。

4）支撑柱搭设

支撑柱由立杆、顶杆和 0.30m 横杆组成（横杆步距 0.6m），其底部设支座，顶部设可调座（图 8-7），支柱长度可根据施工要求确定。

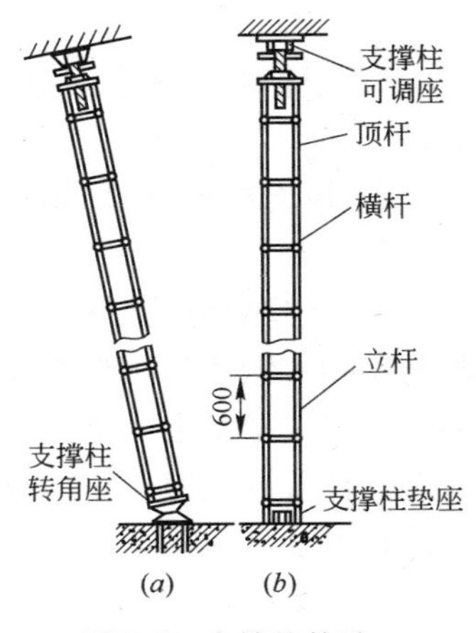

图 8-7　支撑柱构造

支撑柱下端装普通垫座或可调垫座，上墙装入支座柱可调座（图 8-7*b*），斜支撑柱下端可采用支撑柱转角座，其可调角度为±10°（图 8-7*a*），应用地锚将其固定牢固。

支撑柱的允许荷载随高度的加大而降低：$H \leqslant 5$m 时为 140kN；5m$<H\leqslant$10m 时为 120kN；10m$<H\leqslant$15m 时为 100kN。当支撑柱间用横杆连成整体时，其承载能力将会有所提高。支撑柱也可以预先拼装，现场可整体吊装以提高搭设速度。

（3）检查验收

支撑架搭设到 3～5 层时，应检查每个立杆（柱）底座下是否浮动或松动，否则应旋紧可调底座或用薄铁片填实。

（四）门式钢管支撑架

1. 构配件

门式钢管支撑架除可采用门式钢管脚手架的门架、交叉支撑等配件搭设外，也可采用专门适用搭设支撑架的 CZM 门架等专用配件。

（1）CZM 门架

CZM 是一种适用于搭设模板支撑架的门架，构造如图 8-8所示。其特点是横梁刚度大，稳定性好，能承受较大的荷载，而且横梁上任意位置均可作为荷载支承点。门架基本高度有三种：1.2m、1.4m 和 1.8m；宽度为 1.2m。其中 1.2m 高门架没有立杆加强杆。

（2）调节架

调节架高度有 0.9m、0.6m 两种，宽度为 1.2m，用来与门架搭配，以配装不同高度的支撑架。

（3）连接棒、销钉、销臂

上、下门架及其与调节架的竖向连接，采用连接棒（图 8-9），连接棒两端均钻有孔洞，插入上、下两门架的立杆内，并在外侧安装销臂（图 8-9*c*），再用自锁销钉（图 8-9*b*）穿过销臂、立杆和连接棒的销孔，将上下立杆直接连接起来。

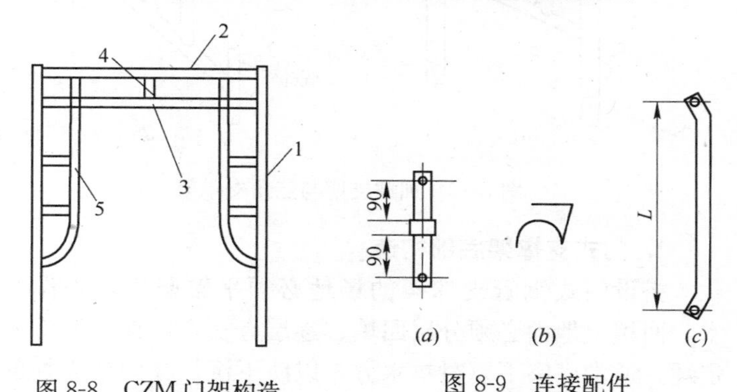

图 8-8　CZM 门架构造

1—门架立杆；2—上横杆；3—下横杆；4—腹杆；5—立杆加强杆

图 8-9　连接配件

(4) 加载支座、三角支承架

当托梁的间距不是门架的宽度时，荷载作用点的间距大于或小于 1.2m 时，可用加载支座或三角支承架来进行调整，可以调整的间距范围为 0.5～0.8m。

① 加载支座。加载支座构造如图 8-10(*a*)所示，使用时将底杆用扣件将底杆与门架的上横杆扣牢，小立杆的顶端加托座即可使用。

② 三角支承架。三角支承架构造如图 8-10(*b*)所示，宽度有 150mm、300mm、400mm 等几种，使用时将插件插入门架立杆顶端，并用扣件将底杆与立杆扣牢，然后在小立杆顶端设置顶托即可使用。

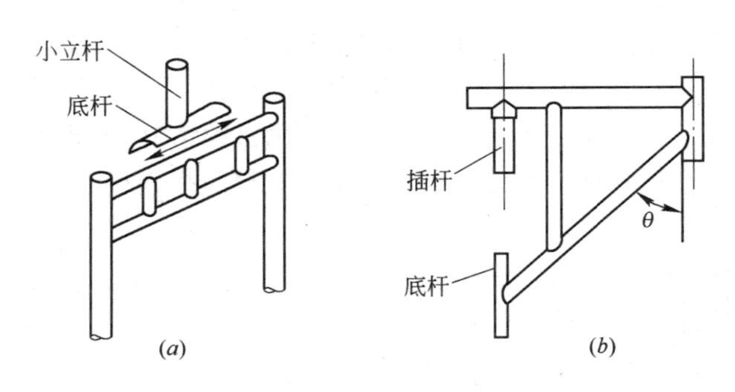

图 8-10　加载支座与三角支承架

2. 门式支撑架底部构造

搭设门式钢管支撑架的场地必须平整坚实，并作好排水，回填土地面必须分层回填、逐层夯实，以保证底部的稳定性。通常底座下要衬垫木方，以防下沉，在门架立柱的纵横向必须设置扫地杆(图 8-11)。当模板支撑架设在钢筋混凝土楼板挑台等结构上部时应对该结构强度进行验算。

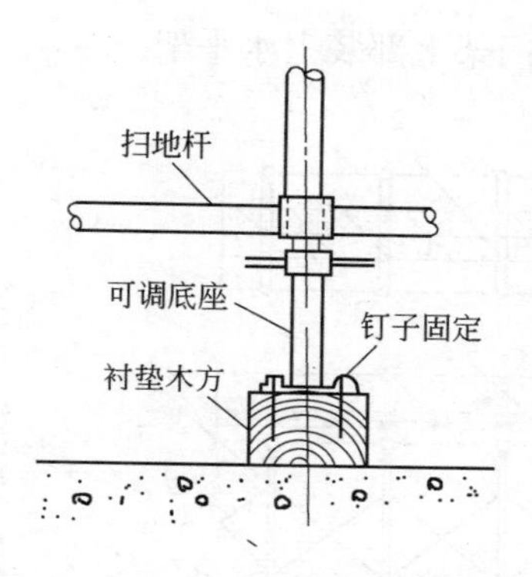

图 8-11　门式钢管支撑架底部构造

3. 门式钢管支撑架组架形式

用门架构造模板支撑架时，根据楼(屋)盖的形式、施工要求和荷载情况等确定其构架形式。按其用途大致有以下几种：

(1) 肋形楼(屋)盖模板支撑架

整体现浇混凝土肋形楼(屋)盖结构，门式支撑架的门架可采用平行于梁轴线或垂直于梁轴线两种布置方式。

1) 梁底模板支撑架

梁底模板支撑架的门架间距根据荷载的大小确定，同时也应考虑交叉拉杆的长短，一般常用的间距有 1.2m、1.5m、1.8m。

① 门架垂直于梁轴线的标准构架布置。

如图 8-12，门架间距 1.8m，门架立杆上的顶托支撑着托梁，小楞搁置在托梁上，梁底模板搁在小楞上。门架两侧面设置交叉支撑，侧模支撑可按一般梁模构造，通过斜撑杆传给支撑架，为确保支撑架稳定，可视需要在底部加设扫地杆、封口杆和在门架上部装上水平架。

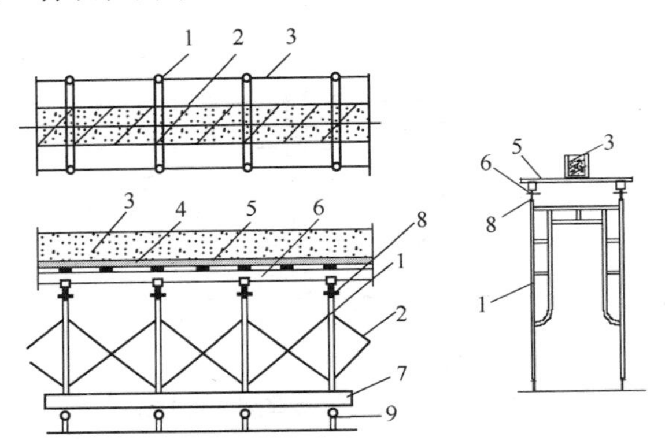

图 8-12　门架垂直于梁轴线的模板支撑架布置方式

1—门架；2—交叉支撑；3—混凝土梁；4—模板；5—小楞；6—托梁；7—扫地杆；8—可调托座；9—可调底座

若门架高度不够时，可加调节架加高支撑架的高度。

② 门架平行于梁轴线的构架布置。

排距根据需要确定，一般为 0.8～1.2m。如图 8-13 所示，门架立杆托着托梁，托梁支承着小楞，小楞支承着梁底模板。梁两侧的每对门架通过横向设置适合的交叉支撑或梁底模小楞连接固定。纵向相邻两组门架之间的距离应考虑荷载因素经计算确定，但一般不超过门架宽度，用大横杆连接固定。

当模板支撑高度较高或荷载较大时，模板支撑可采用图 8-14 的构架形式支撑。这种布置可使梁的集中荷载作用点避开门架的跨中，以适应大型梁的支撑要求。布置形式可以采用叠合或错开，即用 2 对(架距 0.9m)或 3 对(架距 0.6m)门架按标准构架尺寸交错布置并全部装设交叉支撑，并视需要

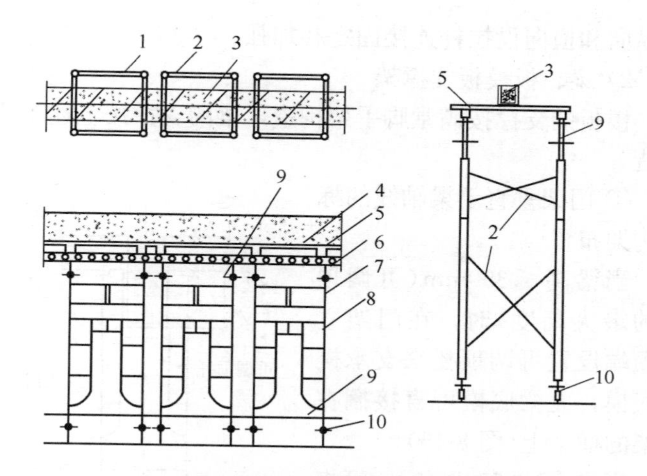

图 8-13　门架平行于梁轴线的模板支撑架布置方式

1—门架；2—交叉支撑；3—混凝土梁；4—模板；5—小楞；6—托梁；7—调节架；8—扫地杆；9—可调托座；10—可调底座

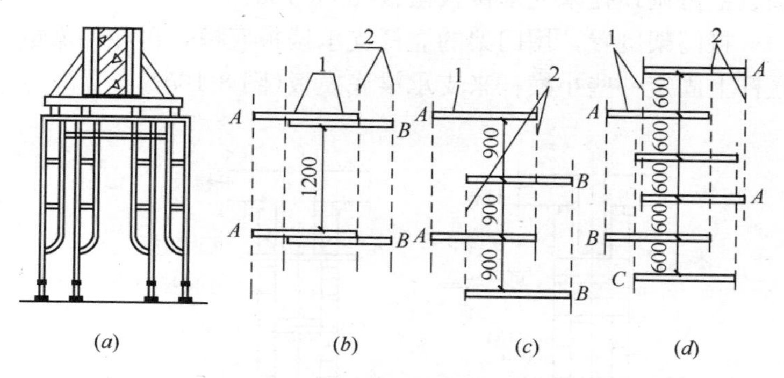

图 8-14　门架垂直于梁轴线的交错布置

(*a*)立面图；(*b*)两对门架重叠布置；(*c*)两对门架交错布置；(*d*)三对门架交错布置

1—门架；2—交叉支撑

在纵向和横向设拉杆连接固定和加强。

2）梁、板模板支撑架

楼板的支撑按满堂脚手架构造，梁的支撑按上述1)部分构造。

① 门架垂直于梁轴线的标准构架布置

当梁高≤350mm（可调顶托的最大高度）时，在门架立杆顶端设置可调顶托来支承楼板底模，而梁底模可直接搁在门架的横梁上（图8-15）。

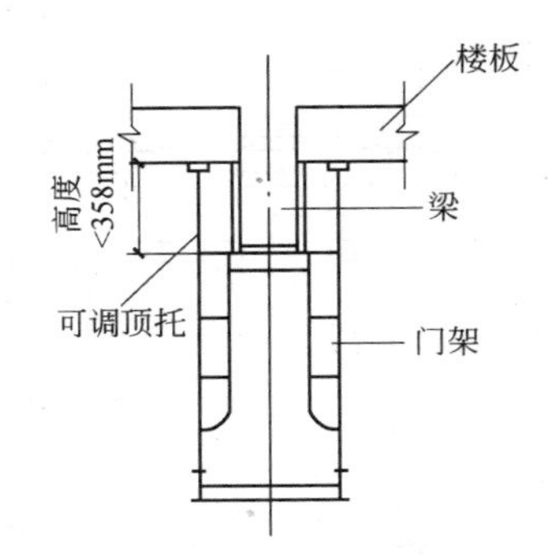

图8-15　梁、板底模板支撑架

当梁高＞350mm时，可将调节架倒置，将梁底模板支承在调节架的横杆上，而立杆上端放上可调顶托来支承楼板模板（图8-16*a*）。

将门架倒置，用门架的立杆支承楼板底模，再在门架的立杆上固定一些小横杆来支承梁底模板（图8-16*b*）。

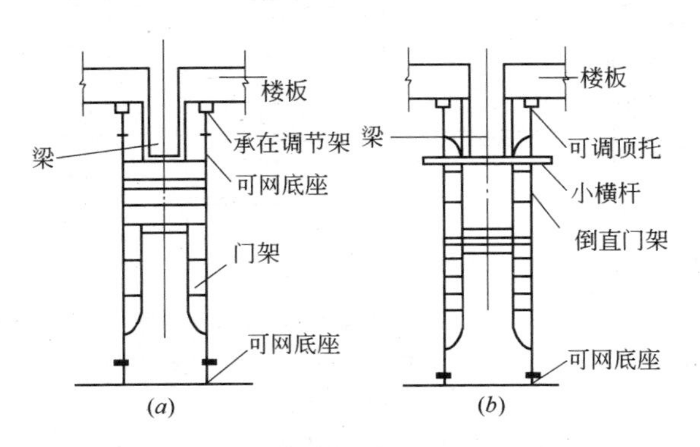

图8-16　门架垂直于梁轴线的梁、板底模板支撑架形式

② 门架平行于梁轴线的构架布置

支撑架如图 8-17 所示，上面倒置的门架的主杆支承楼板底模，在门架立杆上固定小横杆来支承梁底模板。

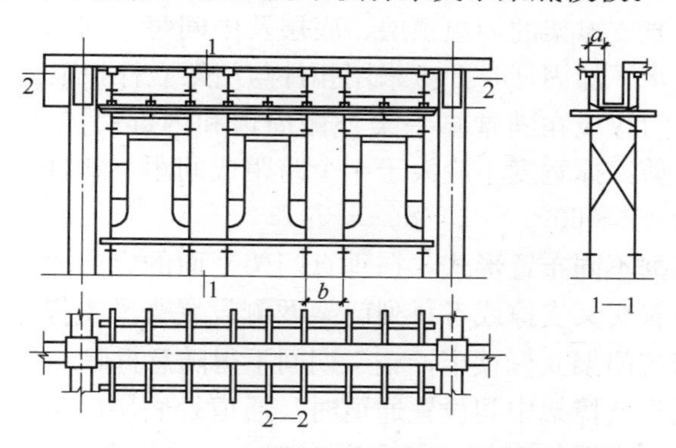

图 8-17　门架平行于梁轴线的梁、板底模板支撑架形式

（2）平面楼（屋）盖模板支撑架

平面楼屋盖的模板支撑架，一般采用满堂支撑架形式，如图 8-18 所示范例。

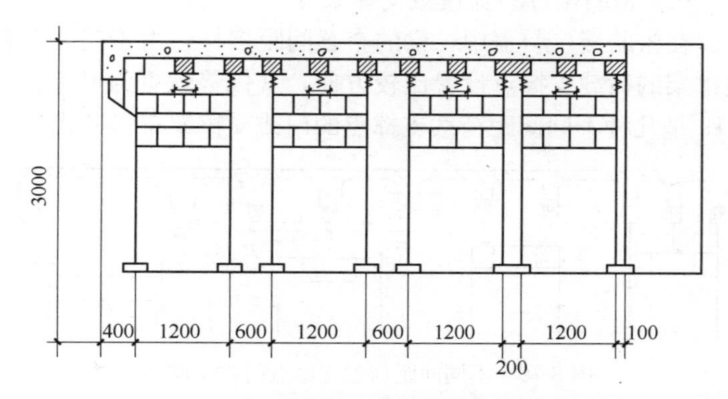

图 8-18　平面楼（屋）盖模板支撑架

门架的跨距和间距应根据实际荷载经设计确定，间距不宜大于 1.2m。

为使满堂支撑架形成一个稳定的整体，避免发生摇晃，应在满堂支撑架的周边顶层、底层及中间每 5 列 5 排通长连续设置水平加固杆，并应采用扣件与门架立杆扣牢。

剪刀撑应在满堂脚手架外侧周边和内部每隔 15m 间距设置，剪刀撑宽度不应大于 4 个跨距或间距，斜杆与地面倾角宜为 45°～60°。

根据不同布置形式，在垂直门架平面的方向上，两门架之间设置交叉支撑或者每列门架两侧设置交叉支撑，并应采用锁销与门架立杆锁牢，施工期间不得随意拆除。

满堂支撑架中间设置通道时，通道处底层门架可不设纵(横)方向水平加固杆，但通道上部应每步设置水平加固杆。通道两侧门架应设置斜撑杆。

满堂支撑架高度超过 10m 时，上下层门架间应设置锁臂，外侧应设置抛撑或缆风绳与地面拉结牢固。

(3) 密肋楼(屋)盖模板支撑架

在密肋楼(屋)盖中，梁的布置间距多样，由于门式钢管支撑架的荷载支撑点设置比较方便，其优势就更为显著。图 8-19 是几种不同间距荷载支撑点的门式支撑架布置形式。

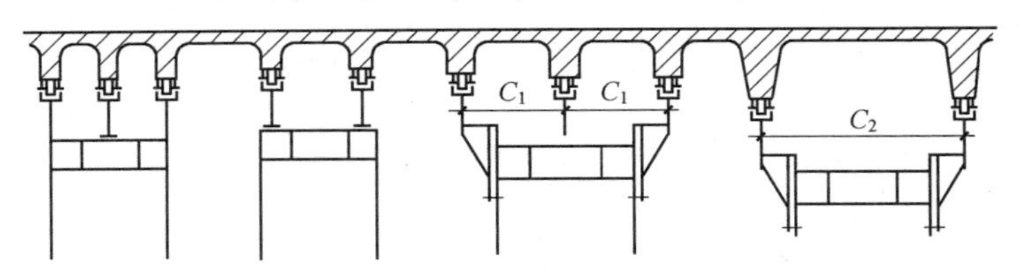

图 8-19　不同间距荷载支撑点门式支撑架

（五）模板支撑架的检查、验收和使用安全管理

1. 使用前的检查验收

模板支撑及满堂脚手架组装完毕后应对下列各项内容进行检查验收：

（1）门架设置情况；

（2）交叉支撑、水平架及水平加固杆、剪刀撑及脚手板配置情况；

（3）门架横杆荷载状况；

（4）底座、顶托螺旋杆伸出长度；

（5）扣件紧固扭力矩；

（6）垫木情况；

（7）安全网设置情况。

2. 安全使用注意事项

（1）可调底座顶托应采取防止砂浆、水泥浆等污物填塞螺纹的措施。

（2）不得采用使门架产生偏心荷载的混凝土浇筑顺序，采用泵送混凝土时，应随浇随捣随平整，混凝土不得堆积在泵送管路出口处。

（3）应避免装卸物料对模板支撑和脚手架产生偏心振动和冲击。

（4）交叉支撑、水平加固杆剪刀撑不得随意拆卸，因施工需要临时局部拆卸时，施工完毕后应立即恢复。

（5）拆除时应采用先搭后拆的施工顺序。

（6）拆除模板支撑及满堂脚手架时应采用可靠安全措施严禁高空抛掷。

（六）模板支撑架拆除

模板支撑架必须在混凝土结构达到规定的强度后才能拆除。支撑架的拆除要求与相应脚手架拆除的要求相同。

支撑架的拆除，除应遵守相应脚手架拆除的有关规定外，根据支撑架的特点，还应注意：

1）支撑架拆除前，应由单位工程负责人对支撑架作全面检查，确定可拆除时，方可拆除。

2）拆除支撑架前应先松动可调螺栓，拆下模板并运出后，才可拆除支撑架。

3）支撑架拆除应从顶层开始逐层往下拆，先拆可调托撑、斜杆、横杆，后拆立杆。

4）拆下的构配件应分类捆绑、吊放到地面，严禁从高空抛掷到地面。

5）拆下的构配件应及时检查、维修、保养。

变形的应调整，油漆剥落的要除锈后重刷漆；对底座、调节杆、螺栓螺纹、螺孔等应清理污泥后涂黄油防锈。

6）门架宜倒立或平放。平放时应相互对齐，剪刀撑、水平撑、栏杆等应绑扎成捆堆放。其他小配件应装入木箱内保管。

构配件应储存在干燥通风的库房内。如露天堆放，场地必须选择地面平坦、排水良好，堆放时下面要铺地板，堆垛上要加盖防雨布。

九、架子工的安全防护

安全防护用品是指劳动者在劳动过程中为免遭或减轻事故伤害或职业危害所配备的安全防护用具。安全防护用品包括：安全帽、安全带、安全网、安全绳及其他个人防护用品等。

（一）个体防护用品的类型

各类个体防护用品，具有不同的功能，如眼睛保护、听力保护、呼吸保护、皮肤防护以及防护服、安全带、保险带等常见的保护用品。

1. 听力保护

听力保护的器具主要有两大类：一类是置放于耳道内的耳塞，用于阻止声能进入；另一类是置于外耳外的耳罩，限制声能通过外耳进入耳鼓及中耳和内耳。需要注意的是，这两种保护器具均不能阻止相当一部分的声能通过头部传导到听觉器官。

2. 呼吸保护

一般分为两大类，一类是过滤呼吸保护器，它通过将空气吸入过滤装置，去除污染而使空气净化；另一类是供气式呼吸保护器，它是从一个未经过污染的外部气源，向佩戴者提供洁净空气的。绝大多数设备尚不能提供完全的保护，总有少量的污染物仍会不可避免地进入到呼吸区。

(1) 过滤式呼吸保护器

过滤式呼吸保护器有口罩、半面罩呼吸保护器、全面罩呼吸保护器、动力空气净化呼吸保护器、动力头盔呼吸保护器5类。过滤式呼吸保护器在缺氧空气中提供不了任何保护作用。

(2) 供气式呼吸保护器

供气式呼吸器主要有长管洁净空气呼吸器、压缩空气呼吸器、自备气源呼吸器3种。

3. 眼睛保护

在选择保护用品时，为了使其有效，首先要对眼睛可能造成的危害及其风险的程度进行评估。眼睛保护用品一般可以分为安全眼镜、安全护目镜、面罩3类。

4. 个体防护服

为了保护人体的健康，当人体暴露在一些有危害的环境内，如热、冷、辐射、冲击、摩擦、湿、化学品、车辆冲击等，则应提供身体的防护。

(1) 头部防护

头部防护普遍采用安全头盔和头部保护器(即所谓"安全帽"，通常没有帽沿)。它们的功能是遮挡阳光、雨水并保护头部不受其他物体的撞击。头部保护器对冲撞的防护能力有相当大的局限性。它主要是在有限的空间中提供对撞击的保护，因此它代替不了安全头盔。安全头盔的使用寿命在3年左右，当过长地暴露于紫外线或者受到反复地冲击时，其寿命还会缩短。

(2) 身体防护服

主要有防静电、防止化学污染物损伤皮肤或经皮肤进入体内的作用。

如果是全身套服，在清洗时要防止违反其工业卫生要求，而应进行专业处理。例如在处理油及化学品时，如果衣服不能保持清洁和及时更换就有可能导致皮炎或皮肤癌的发生。围裙及工装裤应是阻燃的，而在进行切割操作时所穿的裤子，要用强力尼龙或类似的材料来提供防护。穿上工作服后可能会对活动有所限制，而且容易被机器缠上。因此，要谨慎地对工作服的类型及制造进行选择。

另外，还要教会使用者正确使用防护服。

户外防护服通常是用PVC(聚氯乙烯)材料制成，而且通常是用很显眼的材料，以引起接近穿戴者的车辆的注意。PVC材料可能因透气性差而不够舒适，而非PVC材料的纤维对于水蒸气来讲容易透过，但其价格要贵一些。

(3) 手套

要认真地选择，要考虑到舒适、灵活的要求和防高温的需要及可能用其抓起的物件的种种条件的需要等。同时，要考虑其价格和使用者可能遇到的危害等因素。例如，有没有被卷到机器中去的危险等。

5. 保护鞋

各种保护鞋的设计有其特殊保护功能。应防水、防滑，并穿上舒适，尺寸合适。普通的防砸鞋就是防止当材料下落时对脚的砸伤，特别是对脚趾的保护，鞋的头部用钢内衬来保护脚趾。有的鞋用来防止脚底下的锐利物品穿透鞋底而保护脚掌。鞋的绝缘性、防静电性有时也很重要。

6. 皮肤保护

在无法使用防护服时，除日常的卫生工作外，在工作前后可以使用护肤膏来保护皮肤。护肤膏一般有3种类型：可溶于水、不溶于水和特种用途。

7. 安全带及安全钩

安全带及安全钩并不是要取代防止高处坠落的其他安全措施，只有当无法使用平台及防护网时才能选择安全带及安全钩。安全带及安全钩的作用是限制下坠的高度。并且帮助开展救援工作。除了要求舒适及运动方便外，选择这种装置还必须考虑系带人一旦坠落时，能够提供足够的防护。因此，在可能发生坠落的情况下，相对安全带而言，更应选择安全钩。

安全带及安全钩的一端要固定在坚实的系留点上，它必须能够承受坠落时的张力。一个基本原则就是把系留端固定在工作场所尽可能高的地方，从而限制下落的距离。所有设备在使用前都要根据制造商的说明进行检验。

（二）安全帽、安全带、安全网、防滑鞋

1. 安全帽

安全帽是建筑施工人员头部的重要防护用品，凡进入施工现场的人员必须佩戴安全帽。

安全帽用塑料、玻璃钢、竹、藤等材料制作，应能承受5kg钢锤自1m高自由落下的冲击。安全帽由帽壳、帽衬、下颌带三部分组成。帽衬必须具有缓冲冲击的作用，保护头部免受伤害。

正确使用要求：

帽衬顶部与帽壳内顶必须保持20～25mm的空间，以吸收冲击能量，将冲击荷载分布在整个头部面积上，减轻对头部的伤害。

戴安全帽时要调整帽箍、松紧适当，必须系好下颌带。如果不系下颌带，一旦重物坠落到头部，安全帽将脱离头部，产生严重后果。

安全帽必须戴正。如果戴歪了，一旦头部受到打击，就不能减轻对头部的伤害。

安全帽在使用过程中会逐渐损坏，应经常检查。发生开裂、下凹、严重磨损等情况时不得使用。

2. 安全带

安全带是架子工预防高处坠落伤亡的防护用品，由带子、绳子和金属配件组成。带子和绳子必须用锦纶、维纶、蚕丝料制成，金属配件用普通碳素钢或铝合金制成。金属钩必须有保险装置。安全带穿戴要适度，挂钩应“高挂低用”。

3. 安全网

安全网由网体、边绳、系绳和筋绳构成。一般有平网和立网两种，平网为水平安装的网，用于承接坠落的人或物；立网为垂直安装的网，用于阻止人和物的闪出坠落。

霉烂、腐朽、老化或有漏孔的网绝对不能使用。

4. 防滑鞋

防滑鞋应是软底、不带钉的鞋。胶鞋、草鞋防滑性能较好，软底皮鞋(低跟)也有一定的防滑性能。

（三）脚手架的安全防护

1. 铺设脚手板

脚手架必须有严密的安全防护措施，这是预防高处作业人员坠落和物体坠落伤人的重要环节。

操作层脚手板应铺满、铺稳、铺实，不得有探头板或弹篑板，离开墙距离 120～150mm。操作层脚手板为满铺双层脚手板，自下宜每隔 10m 满铺一层脚手板。

竹笆脚手片满铺层必须按主竹筋垂直于大横杆方向铺设，且采用对接平铺，满铺到位，不留空隙或空位，不能满铺处必须采取有效防护措施。竹笆脚手片两端搁在里、外大横杆上，四角用 ϕ1.2mm 的镀锌钢丝固定。里、外大横杆中间增设等距离放置的钢管，其间距不应大于 400mm，并用直角扣件与小横杆连接牢固作为搁栅，如需接长，可采用搭接。铺设脚手片的钢管表面应平整，使形成的工作面无高低不平(图 4-3)。

竹笆脚手片必须完好无损，有编织散开、脱钉、断片等缺陷时不能使用，已在脚手架上使用的，发现破损要及时更换，确保安全、有效。

冲压钢脚手板、木脚手板、竹串片脚手板等，应设置在三根小横杆上。当脚手板长度小于 2m 时，可采用两根小横杆支撑，但应将脚手板两端与其固定，严防倾翻。此三种脚手板的铺设可采用对接平铺，也可以采用搭接铺设。脚手板外伸长应取 130～150mm，两块脚手板外伸长度的和不应大于 300mm；脚手板搭接铺设时，接头必须支在小横杆上，搭接长度应大于 200mm，其伸出小横杆的长度不应小于 100mm(表 4-5)。

2. 围护安全网

脚手架外侧必须设置安全网。安全网是建筑施工中不可缺少的重要防护设施。由于脚手架上作业面小，高处作业受风力、环境条件等影响容易出现失误而坠落。为了增加高处作业人员的安全感、预防施工作业中的高处坠落和物体打击事故的发生，必须正确地使用好安全网。

安全网有平网和立网两种。1999 年 5 月 1 日开始实施的《建筑施工安全检查标准》(JCG 59—1999)，取消了建筑物外围使用平网，要求脚手架使用立网全封闭(图 4-4)。

脚手架外侧张挂的密目式安全网必须用建设主管部门认证的合格安全网。安全网应张挂固定在脚手架外立杆里侧，不宜将网围在各杆件的外侧。安全网随脚手架搭设而张挂，而不小于 18 号钢丝穿入网四周的绑扎孔，与上、下横杆绑扎牢固，两网拼接处也应用同样钢丝穿过绑扎孔互相拼接，不允许留缝或扎结不全。立网应绷紧。严禁擅自拆除或任意开口，并要防止网和网边绳被割破或撞破。只要损坏，应及时补修或换掉。

3. 防护杆件

除底层外，脚手架的各步层均应在立杆的内侧设置防护栏杆和踢脚杆或挡脚板。防护栏杆，又叫护身栏杆，有阻止人员向外坠落的作用。踢脚杆和挡脚板可以预防人员滑倒而坠落。

钢管脚手架的作业层的防护栏杆和踢脚杆或挡脚板的搭设位置均应在外立杆的内侧。防护栏杆为两道，上栏杆上皮高度为 1.2m，中栏杆处于上栏杆与踢脚杆或挡脚板的中间。踢脚杆的高度为离脚手板表面 30cm，若采用挡脚板，其高度不应小于 180mm。

双排脚手架的高度，里立杆低于檐口 50cm，便于檐口施工或上屋面施工。外立杆要比里立杆高，其中遇到平屋面，外立杆高于檐口 1～2m，坡屋面高于 1.5m 以上，设置防护栏杆和踢脚杆以及安全网，以防人或物坠落。

4. 架体内封闭

脚手架的架体里立杆距墙体净距不大于 200mm。如大于 200mm，必须铺设站人片。

脚手架施工层里立杆与建筑物之间应进行封闭。

施工层以下外架每隔 3 步以及底部应用密目网或其他措施进行封闭，严防施工过程中发生坠落事故。

5. 斜道

为了满足施工作业人员上下脚手架进行操作和材料运输需要，阻止翻爬脚手架的不安全行为，外脚手架旁应设行人上下兼材料运输通道的斜道。斜道又称盘道、马道。有“一”字形和“之”字形两种。“一”字形斜道，即一个跑段，用于架高不大于 6m、三步以下脚手架；“之”字形斜道，用于多层、高层建筑高度大于 6m 的脚手架。

人行斜道，应附着搭设在脚手架的外侧或建筑物设置。斜道的斜度不大于 1∶3(高∶长)，宽度不小于 1m，转角处设置面积不小于 $3m^2$ 的平台，其宽度不应小于斜道宽度。运料斜道的坡度应小一些，斜度 1∶5 或 1∶6，宽度不小于 1.5m，转角平台面积不小于 $6m^2$。斜道均布活荷载不应高于 2kN/m。

斜道立杆应单独设置，不得借用脚手架立杆，并应在垂直方向和水平方向每隔一步或一个纵距设一连接。斜道两侧、平台外围和端部应设剪刀撑，并均应设高 1.2m 的防护栏杆和高 300mm 踢脚杆或 180mm 高的挡脚板，并用合格的密目式安全网封闭。运料斜道还应设置连墙杆，每两步加设水平斜杆及按规定设置横向斜撑。

斜道脚手片应自下而上逐块排齐挨紧，板面平整，采用横铺时，应在横向水平杆下增设间距不大于 500mm 的纵向支托杆，并在脚手片上每隔 250～300mm 设一防滑条。防滑条宜采用 20～30mm 厚度方木。脚手片和防滑条均应用多道钢丝绑扎牢固，受力时不下滑移位。脚手板顺铺时，采用下面的扳头压住上面扳头搭接方式接头，扳头的凸棱处用三角木填顺。

斜道的防护栏杆、踢脚杆统一漆红白相间色，以起到醒目的作用。

斜道的主要构造如图 9-1 所示。

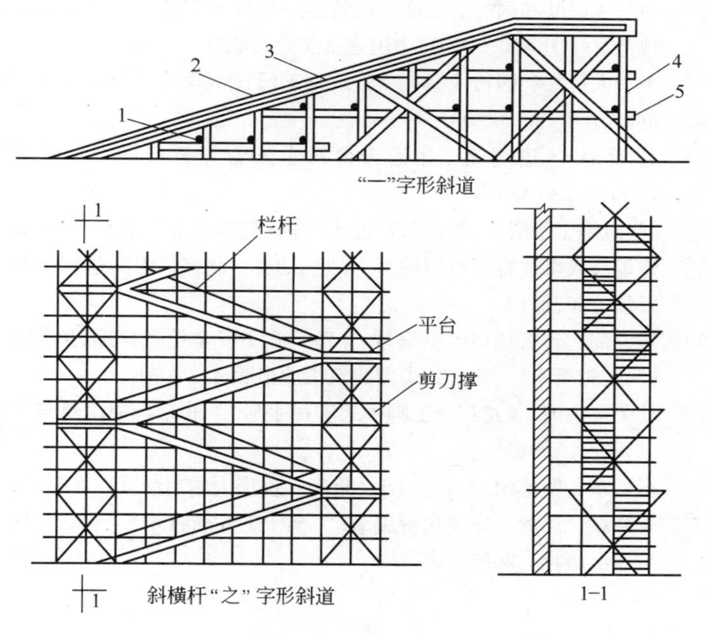

图 9-1　斜道

1—小横杆；2—斜道板；3—斜横杆；4—立杆；5—大横杆

主要参考文献

[1] 中华人民共和国行业标准《建筑施工扣件式钢管脚手架安全技术规范》(JGJ 130—2001)中国建筑工业出版社，2003.

[2] 中华人民共和国行业标准《建筑施工门式钢管脚手架安全技术规范》(JGJ 128—2000).

[3] 建设部.《建筑施工附着升降脚手架管理暂行规定》.(建建[2000] 230 号).

[4]《建筑施工手册》(第四版) 北京：中国建筑工业出版社，2003.

[5] 建设部人事教育司组织编写.《架子工》. 北京：中国建筑工业出版社，2002.

[6] 建设部建筑管理司组织编写.《建筑施工安全检查标准(JGJ 59—99)实施指南》. 北京：中国建筑工业出版社，2001.

[7] 杜荣军主编.《建筑施工脚手架实用手册》. 北京：中国建筑工业出版社，1994.

[8] 崔炳东、罗雷编.《架子工》. 重庆：重庆大学出版社，2007.

[9] 王晓斌、焦静、宋爱民等编著.《架子工安全技术》. 北京：化学工业出版社，2005.